JOHANN REH (HRSG)

DER GROSSE TRAKTOR EXPERTENTEST

AF196790

Impressum

HEEL Verlag GmbH
Gut Pottscheidt
53639 Königswinter
Telefon 0 22 23 / 92 30-0
Telefax 0 22 23 / 92 30 26
E-Mail: info@heel-verlag.de
Internet: www.heel-verlag.de
© 2021: HEEL Verlag GmbH, Königswinter

Verantwortlich für den Inhalt: Frederik Schlather
Lektorat: Jürgen Schlegelmilch

Satz und Gestaltung: F5 Mediengestaltung, Ralf Kolmsee, Bonn

Titelbild: © AGCO Fendt
Bildnachweis: Adobe Stock (S. 4, 5, 14, 18, 19, 20, 29, 34, 43, 62, 68, 86,
92); AGCO Fendt (S. 30, 56, 60, 69, 76, 93); Archiv Autor (S. 6, 9, 21, 29,
33, 35, 37, 38, 41, 45, 47, 50, 52, 53, 54, 55, 59, 63, 65, 70, 87, 89, 95);
Benz AG (S. 83); Claas (96); John Deere (S. 31, 72, 77, 85, 114); HEEL
Verlag Archiv (S. 36, 40, 49, 64, 75, 79, 80, 81, 88, 90, 105); Massey
Ferguson (S. 58); Udo Paulitz (S. 7, 8, 10, 11, 12, 15, 16, 17, 22, 23, 24,
25, 26, 28, 32, 42, 44, 46, 82, 84); Porsche AG (S. 48, 119); Same/Deutz
(S. 94); Jürgen Schlegelmilch (S. 61, 66, 69, 78, 91)

Printed in Lettland

ISBN: 978-3-96664-303-0

JOHANN REH (HRSG)

DER GROSSE
TRAKTOR
EXPERTENTEST

HEEL

Vorwort

Keine anderen Nutzfahrzeuge sind heute so beliebt wie Schlepper und Traktoren, deren zahlreiche unterschiedliche Modelle und Ausführungen mit immer fortschrittlicherer Technik die Landwirtschaft revolutionierten. Kleine und große, bekannte und weniger bekannte Hersteller schufen Konstruktionen, die für eine wahre Modellflut auf dem Markt für Landmaschinen sorgten. Und damit auch für Geschichten und Mythen. Die Zahl der vermeintlichen Spezialisten auf dem Gebiet Modellhistorie und Typenkunde ist groß.

Aber wer ist tatsächlich ein Fachmann auf diesem spannenden Gebiet und kennt sich wirklich aus? Dieser Expertentest reizt und fordert das Wissen aller Traktor-Fans und derer, die es vorgeben zu sein. Insgesamt 100 unterschiedlich schwierige Fragen widmen sich den Bereichen Modelle, Technik, Unternehmen und Praxis. Hier kann jeder sein Wissen unter Beweis stellen. Ausführliche Antworten am Ende des Buchs liefern wertvolles Hintergrundwissen und vor allem spannende Details aus der facettenreichen Welt der landwirtschaftlichen Nutzfahrzeuge.

Die Redaktion hat versucht, eine möglichst gelungene Mischung an Fragen zusammenzustellen. Sollten Sie dennoch etwas vermissen oder haben Anregungen für weiteres Insiderwissen, das jeder kennen sollte, der sich Experte nennt, dann schreiben Sie einfach an info@heel-verlag.de – wir sind stets auf der Suche nach Wissenslücken, die neugierig machen auf die spannenden und teilweise auch überraschenden Antworten.

Jetzt aber wünschen wir erst einmal allen Generationen von Traktor-Begeisterten viel Spaß bei dieser Ausgabe des Traktor-Expertentests.

Welcher Motor wurde im Fendt F24 luftgekühlt verbaut?

A MWM AKD 112 Z

B MWM KD 12 Z

C MWM AKD 211 Z

D Deutz F2L612/5

Worüber gibt das „B" in der Typenbezeichnung Fendt F 12 GH B Aufschluss?

A Bandbremse

C 15 Zoll Vorderräder

B 16 Zoll Vorderräder

D Berg-Ausführung

Welcher der folgenden Traktoren war die erste Eigenentwicklung von J. Deere-Lanz in Deutschland?

A John Deere-Lanz 300

C John Deere-Lanz 700

B John Deere-Lanz 100

D John Deere-Lanz 800

MODELLE

Welche maximale Zughakenkraft hatte der Hanomag R 24?

 A 5200 Kilogramm

C 1870 Kilogramm

B 2090 Kilogramm

D 700 Kilogramm

Was lässt sich aus der IHC-Typenbezeichnung des IHC 433 ablesen?

A 4 Zylinder, 33 PS

C 4,3 Liter Hubraum, 3 Zylinder

B 3 PS, 3 Zylinder

D Baureihe 4, 35 PS

Wie startet man einen Lanz D 7506 Glühkopfmotor?

A Mit elektr. Anlasser

C Mit Lenkrad

B Mit Pendelanlasser

D Durch Anschieben

Welches Leergewicht hat ein Eicher EM 300 Königstiger?

A 1920 Kilogramm

B 2200 Kilogramm

C 1960 Kilogramm

D 1865 Kilogramm

08 Welche Motorleistung hatte die RS 02 Brockenhexe?

- **A** 23 PS
- **B** 15 PS
- **C** 30 PS
- **D** 22 PS

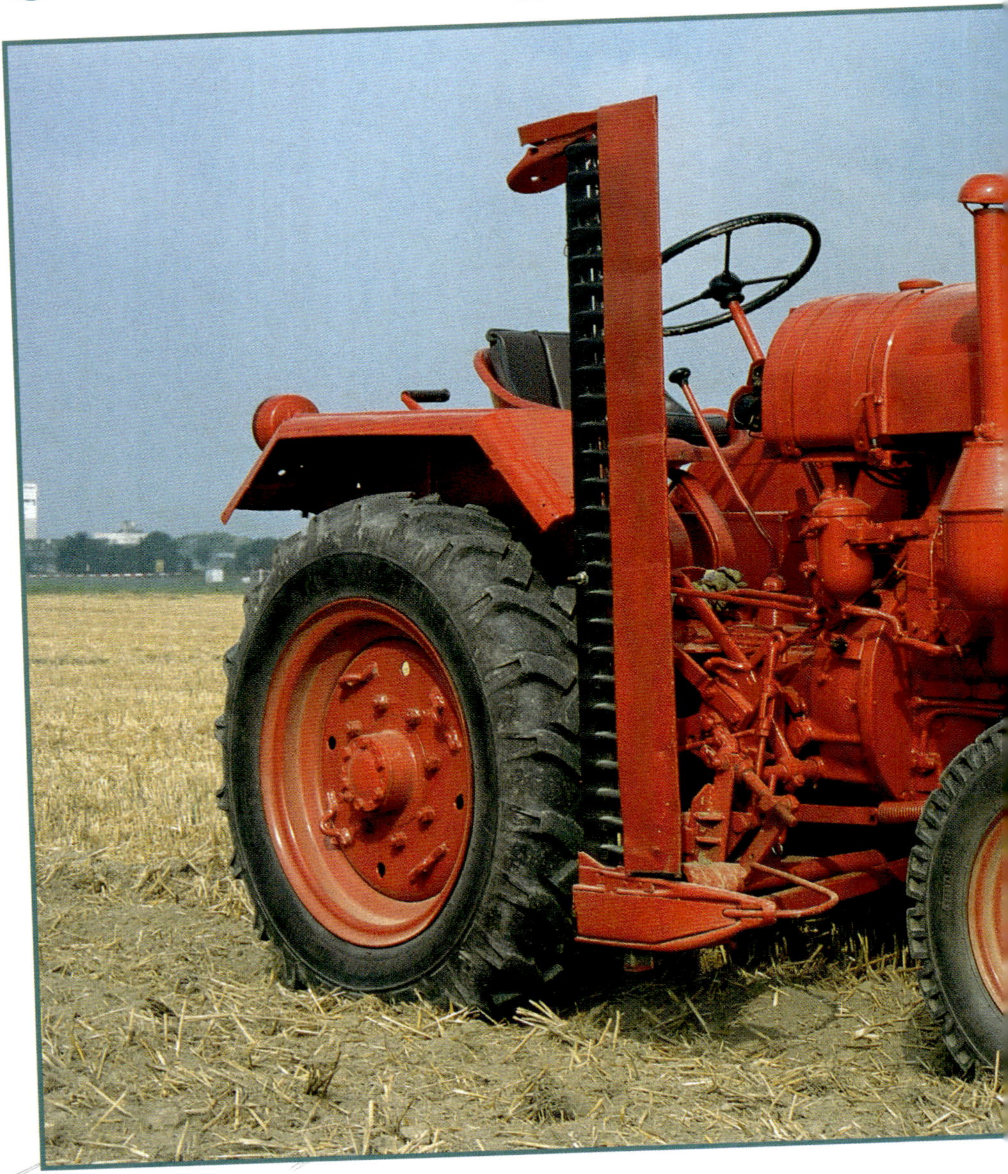

MODELLE

09 Wo sitzen beim Güldner G 60 die Mitfahrer?

A Keine Mitfahrgelegenheit

B Auf einer Bank hinter dem Fahrer

C Auf den Kotflügeln

D Auf einer Bank neben dem Fahrer

10 Wie bezeichnet man im süddeutschen Raum umgangssprachlich einen Traktor?

A Trecker

B Schafferle

C Allesschaffer

D Bulldog

Welches Modell aus der Eicher Raubtier-Baureihe war das leistungsmäßig kleinste?

A Tiger

B Löwe

C Panther

D Leopard

Wo sitzt beim Allgaier A111 der Motor?

A Auf der Vorderachse

B Auf der Hinterachse

C Mittig zwischen den Achsen

D Unter dem Fahrersitz

Wie viele Exemplare des Deutz F1 L 514/51 wurden ungefähr gefertigt?

 A Ca. 105.000 Stück

 B Ca. 99.000 Stück

 C Ca. 37.000 Stück

D Ca. 900.000 Stück

MODELLE

 **14**

Welcher der folgenden Traktorenhersteller stammt aus Weißrussland?

 A UTB

B Belarus

 C Fortschritt

D Warchalowksi

15 Mit welcher Neuheit sorgte Fendt 1955 auf der Landtechnik Messe in Köln für Furore?

 A Präsentation Dieselross-Serie **C** Premiere des Fendt Geräteträgers

B Vorstellung eines 60-PS-Schleppers **D** Ankündigung des Allrad-Dieselross

Wann feierte der MB Trac seine Premiere?

16

- **A** 1972
- **B** 1965
- **C** 1976
- **D** 1992

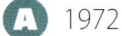

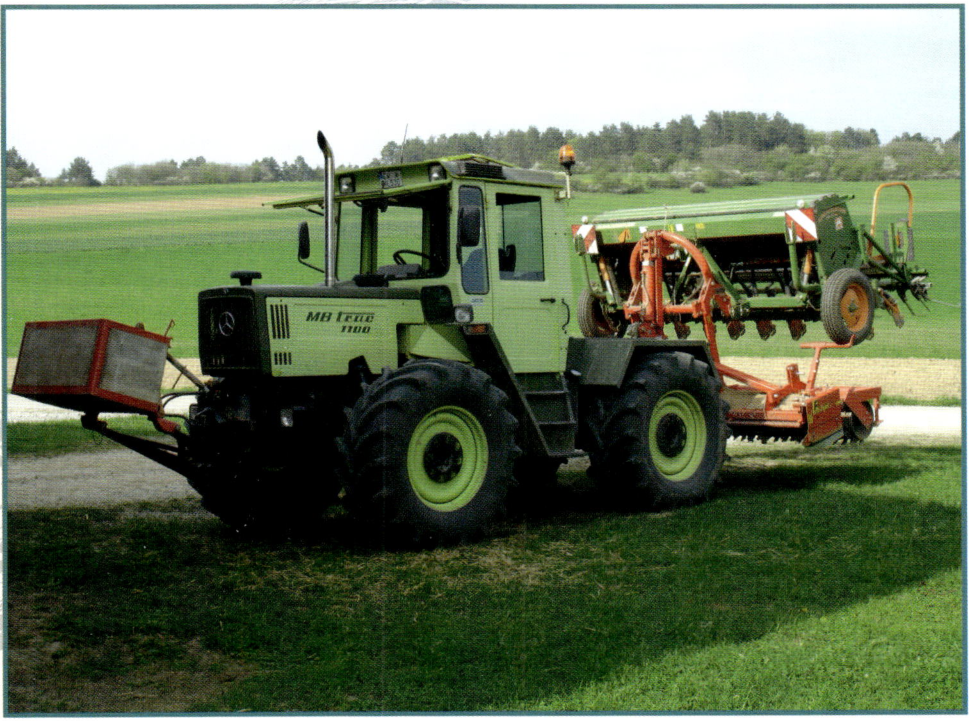

Nach welchem Verbrennungsprinzip arbeiteten vornehmlich die HELA-Motoren?

A Wirbelkammer-Verfahren

B Direkteinspritz-Verfahren

C Vorkammer-Verfahren

D M-Mittenkugel-Verfahren

Welcher der folgenden Traktoren trug den Spitznamen „Ackermoped"?

A Hanomag R 12

B Hanomag R 425

C Normag NG G20

D Fordson Dexta

19 Welcher Traktor hatte den MWM KD1105Z verbaut?

A Fendt Farmer 2

B Fendt Fix 2

C HELA D 420

D Fahr D 25

20 Wie viele Exemplare des Aktivist wurden gebaut?

A 5211

B 7234

C 3761

D 11.232

![Blauer Traktor Aktivist mit roten Felgen]

Wie viel PS hatte der Porsche Junior 108 K von 1957?

A 17 PS

C 20 PS

B 14 PS

D 12 PS

Mit welchem Basisneupreis mussten die Käufer eines Porsche Master 419 Anfang 1962 rechnen?

A 17.480 D-Mark

C 53.000 D-Mark

B 5.200 D-Mark

D 13.550 D-Mark

MODELLE

23 Welcher Traktor ist hier zu sehen?

A Lanz-Sondermodell

B Falsch lackierter Lanz

C Typ Pampa

D Ursus-Jubiläumsmodell

24 Wann wurde der Lanz Alldog A1806 mit MWM-Motor vorgestellt?

A 1957

B 1956

C 1962

D 1952

Welchen Spitznamen hat der Frontlader „high liftloader Typ M-UE-20" des Ferguson TEF20?

A Banana Loader

B Orange Loader

C Cotton Loader

D Grey Loader

MODELLE

 **26** Wie viel PS leistet der Motor des Fendt Favorit 3 bis 1966?

 **A** 52 PS

B 92 PS

C 41 PS

D 35 PS

Welche Hubkraft hat der John Deere 510 an der Ackerschiene?

27

A 1300 kg

B 2000 kg

C 500 kg

D 300 kg

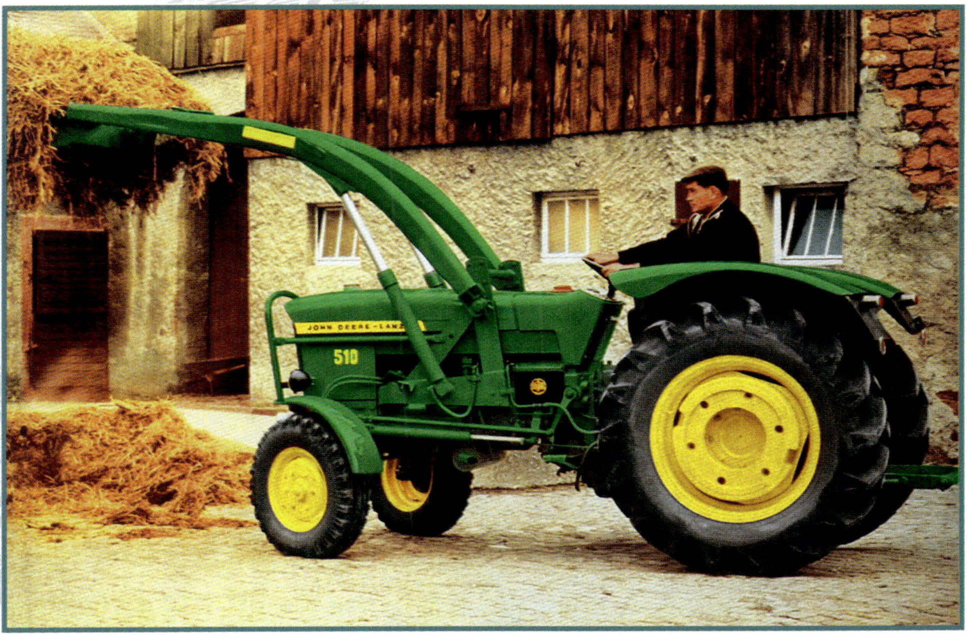

28 Wie viele Gänge hat ein Eicher ED 310 Mammut?

A 4 Vorwärts- / 4 Rückwärtsgänge

C 8 Vorwärts- / 4 Rückwärtsgänge

B 10 Vorwärts- / 2 Rückwärtsgänge

D 6 Vorwärtsgänge / 1 Rückwärtsgang

Wofür steht das „S" beim Fendt Farmer 260S?

A Schmalspur

B Standard

C Same-Getriebe verbaut

D Servolenkung

30 Welches Leistungsspektrum umfasst die Case JX-Baureihe aus dem Jahr 2009?

A 12 bis 133 PS

C 72 bis 95 PS

B 76 bis 230 PS

D 133 bis 211 PS

31 Welches der aufgeführten Modelle gilt bis heute als der stärkste Schlepper der Welt?

A Schlüter Profi Trac 5000 TVL

C Fendt 936 Vario

B Agroton 230MK3

D Big Bud 16V-747

Bis wann wurde der Agroplus 85 gebaut?

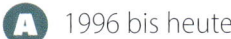

32

- **A** 1996 bis heute
- **B** 1997 bis 2001
- **C** 2005 bis 2008
- **D** 1989 bis 1995

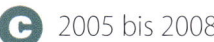

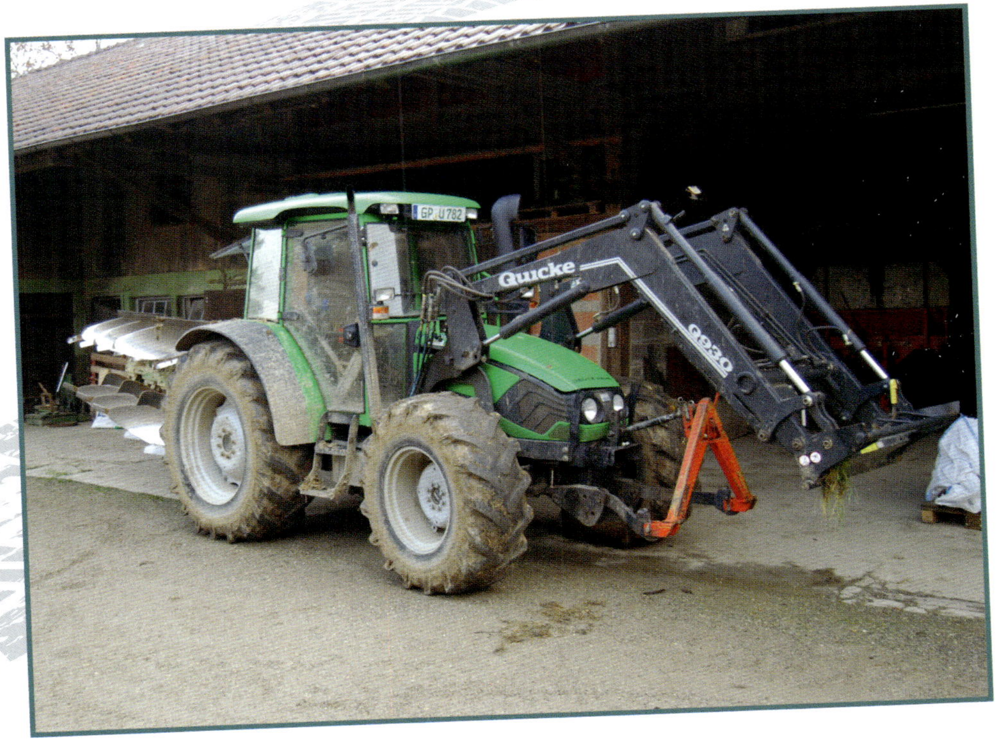

33 Wie viele Ventile pro Zylinder hat der Motor des SAME Diamond 230?

A 2

B 4

C 6

D 8

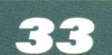

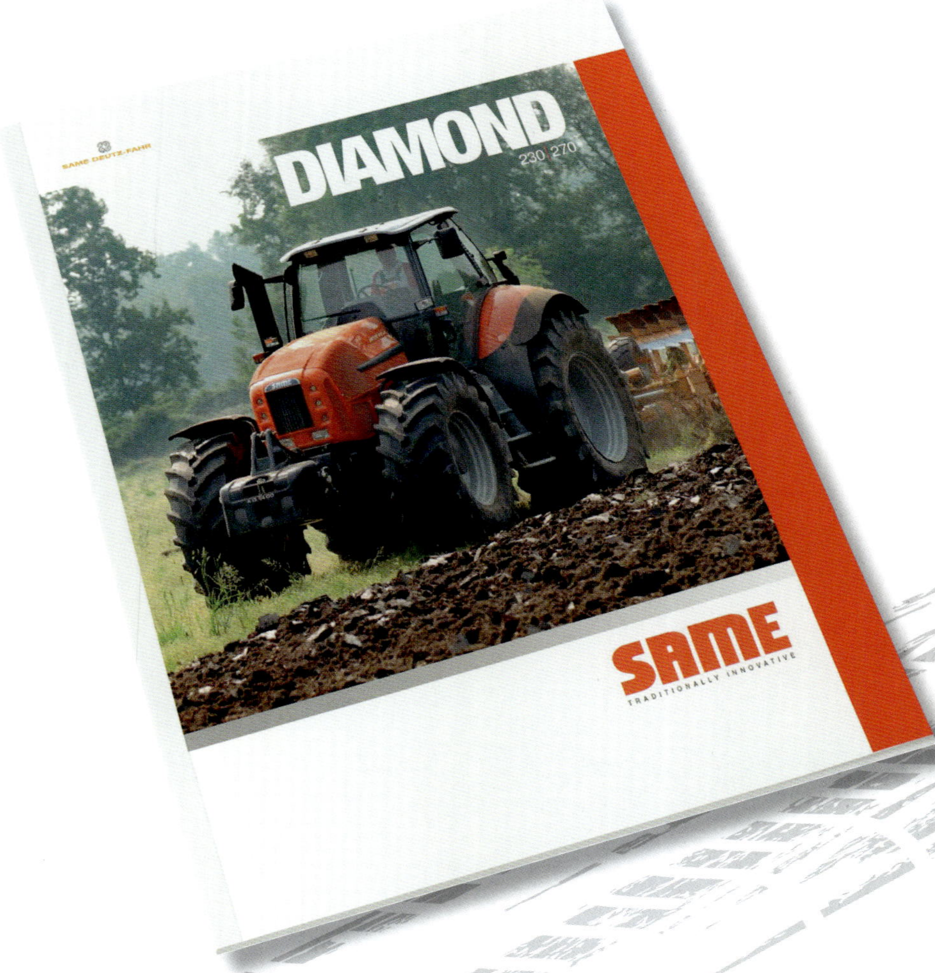

Wo sitzt beim Fendt 307CI der Kraftstofftank?

A Links zwischen den Achsen

C Unterhalb der Fahrerkabine

B Rechts zwischen den Achsen

D Über dem Kraftheber

35 Was für ein Fendt ist hier abgebildet?

A Fendt 360 GT

C Fendt 12 GT

B Fendt 275 GT

D Fendt 231 GT

36 Wie viele Vorwärtsgänge hat der Case IH STX 375 Quadtrac?

A 16

C 10

B 32

D 42

37 Für was steht das „A" in der Typbezeichnung Fendt 306 LSA?

A Allrad

C Automatikgetriebe

B Autopilot

D Antischlupfregelung

Was für ein Schlepper ist hier abgebildet?

A Deutz-Fahr 4006

B Deutz-Fahr 6507

C Deutz-Fahr 7206

D Deutz-Fahr 7506

MODELLE

 **01**

Welchen Leistungsbedarf hat ein Balkenmähwerk ungefähr?

 A Ab 10 PS

B Ab 15 PS

 C Ab 20 PS

D Ab 30 PS

Wie viele zulassungsfreie Anhänger darf man hinter einem Traktor mitführen?

A Einen

B Fünf

C Zwei

D Unbegrenzt

Wie nennt man Traktoren, die vorne sehr eng angebrachte, schräg stehende Vorderräder haben?

A Row-crop Schlepper

B Row-corn Schlepper

C Row-fruit Schlepper

D Tragschlepper

 **04** Wie sollte der Luftdruck auf dem Acker gegenüber der Straße gewählt werden?

A Etwas erhöht

C Gleich

B Etwas niedriger

D Stark erhöht

Wie füllt sich dieses abgebildete, moderne Güllefass?

A Manuell durch Handpumpe

B Schlepperbetriebene Vakuumpumpe

C Externe Saugpumpe

D Durch die Schwerkraft

 **06**

In welchem Bereich liegt die optimale Mähgeschwindigkeit bei einem Messerbalken?

A Um 8 km/h

C Um 25 km/h

B Um 18 km/h

D Gibt keinen optimalen Wert

Was ist ein Winkeldrehpflug?

A Pflug, der immer gerade Furchen zieht

B beidseitig verwendbarer Pflug

C Arbeitswinkel nachstellender Pflug

D Pflug für quadratische Felder

PRAXIS

08 Wie oft muss ein Schlepper mit Druckluftbremse und einer Höchstgeschwindigkeit von über 40 km/h zur Hauptuntersuchung?

A Alle 2 Jahre

B Alle 6 Monate

C Jedes Jahr

D Alle 3 Jahre

09 Wozu dient eine ölhydraulische Kupplung?

A Für permanenten Zapfwellenantrieb

B Zum Fahren ohne Kuppeln

C Zum ruckfreien Anfahren

D Zum Messerbalkenantrieb

Erinnerung an Porsche-Museum: Plantagenschlepper
Allgaier P 312 — System Porsche
Baujahr 1953

Was ist ein Triebachsanhänger?

A Vom Traktor angetriebener Anhänger

B Anhänger mit eigenem Antrieb

C Anhänger mit Achse der Firma Trieb

D Ein von Ing. A. Trieb konstruierter Anhänger

Welche Arbeitsbreite weist das abgebildete Mähwerk der Firma Fella auf ?

A 1,80 m

C 1,65 m

B 1,35 m

D 2,10 m

12 Wie wird die maximale Zughakenkraft ermittelt?

A Auf einem nassen Acker

B Auf einer Wiese mit Bremswagen

C Auf festem Betonuntergrund

D Auf Schotterpiste

Wie viel PS müssen pro Pflugschar bei einem Oldtimertraktor mindestens vorhanden sein?

A 50

B 100

C 20

D 75

Bis zu welcher Anhängelast sind Auflaufbremsen erlaubt?

A 8 Tonnen

B 15 Tonnen

C 4 Tonnen

D unbegrenzt

 **01** Welchen Vorteil bieten Gummireifen gegenüber Stahlrädern?

A Längere Lebensdauer

B Für alle Böden geeignet

C Mehr Traktion auf schmierigem Boden

D Bessere Optik

Was ist ein Pony-Motor?

A Motor für kleinen Schlepper   **C** Hilfsmotor zum Starten

B Vom US-Hersteller H.P. Pony   **D** Motor für Weinbergtraktor

Was bewirken größere Hinterräder?

03

A Traktor wird schneller   **C** Traktor wird langsamer

B Bremswegverkürzung   **D** Zugkrafterhöhung

Warum verbaut man bei Traktoren Diesel- anstatt Benzinmotoren?

A Geringeres Gewicht

C Billigere Herstellung

B Weniger Schadstoffe

D Bessere Charakteristik

F 15/20

OT & CO. MARKT OBERDORF BAYERN

05 Welche Funktion hat eine Doppelkupplung?

A Längere Lebensdauer der Kupplung

B Geringere Fußkraft beim Betätigen

C Weiterlaufen der Zapfwelle beim Schalten

D Weniger Belastung für jede einzelne Kupplung

06 Um was handelt es sich bei dem Begriff Rotocap?

A Getriebebauteil

B Motorenbauteil

C Anbauteil

D Vorderachsteil

Was versteht man unter einem Raddruckverstärker?

A An der Felge befestigte Zusatzgewichte

B Vorderachsverstärkung bei Frontladerschleppern

C Druckluftanlage für Reifenbefüllung

D Vorrichtung am hydraulischen Kraftheber

Warum gibt es Sommer- und Winterdiesel?

A Normaler Diesel versulzt im Winter

B Schutz vor Tankrost bei niedrigen Temperaturen

C Verbesserung des Startverhaltens im Winter

D Verringerung der Ozonbelastung

Wie hoch ist die genormte Zapfwellendrehzahl?

09

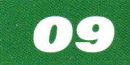

- **A** 540/min
- **B** 220/min
- **C** 325/min
- **D** 425/min

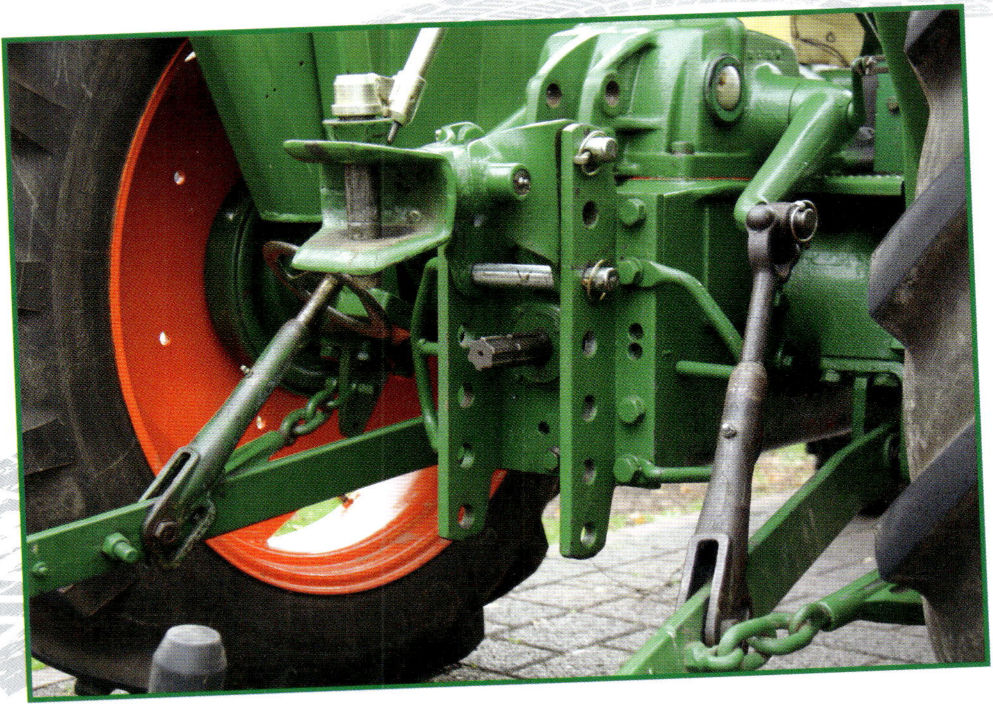

10 Wie oft sollte man bei einem Oldtimerschlepper das Motoröl wechseln?

A Alle 1000 Betriebsstunden   **C** Alle 100 Betriebsstunden

B Alle 50 Betriebsstunden   **D** Alle 700 Betriebsstunden

Wann wurden Überrollbügel in Deutschland für Traktoren zur Pflicht?

A Bis heute nicht Pflicht

B 1955

C 1963

D 1970

Welche Aufgabe erfüllen Kolbenringe neben dem Abdichten des Zylinders außerdem noch?

A Verhinderung des gefährlichen Kolben-Kippelns

B Verbesserung der Kühlung durch Wärmeableitung

C Reinigung der Zylinderlauffläche

D Verringerung der Kolbenrotation

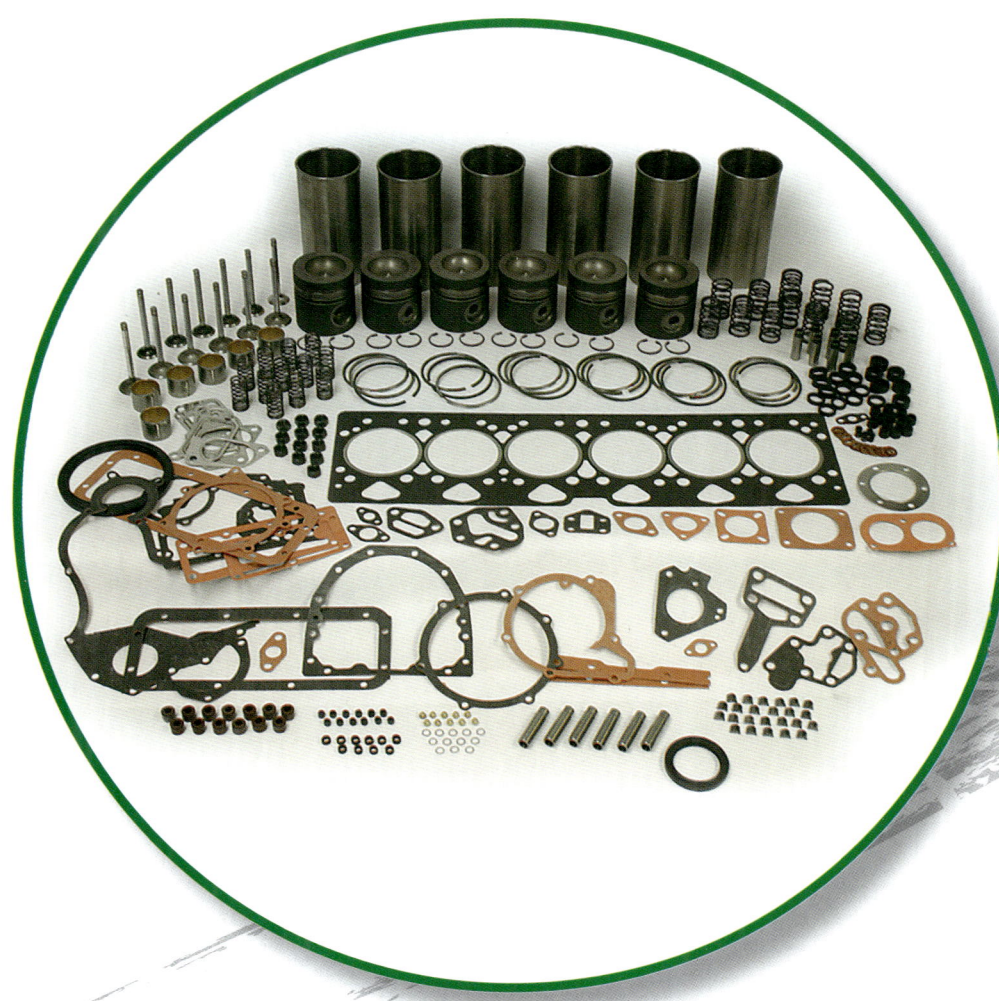

Welche Ölfilter-Bauform war bis Anfang der 1960er Jahre Standard?

A Metallsieb

B Verzicht auf Ölfilter

C Spaltfilter

D Feinfilter mit Papiereinsatz

Was ist die Agriomatic?

A Von IHC entwickeltes Lastschaltgetriebe

B Bezeichnung für die Ackergänge

C Selbstfahrendes Arbeitsgerät zur Ackerbestellung

D Ein Anbaugerät, um Felder zu bestellen

Welche Bauweise war in Deutschland bei Traktoren lange üblich?

A Rahmenbauweise

B Rohrrahmenbauweise

C Einzelguss

D Blockbauweise

Welche Bauart einer Bremse war bis weit in die 1970er Jahre bei Traktoren häufig zu finden?

A Trommelbremsen

B Scheibenbremsen

C Motorbremse

D Bremsklotz

Wer erfand die 3-Punkt-Hydraulik?

A Henry Ferguson

B Fritz Huber

C Henry Ford

D David Brown

18 Welcher Hersteller übernahm den ersten luftgekühlten Motor in die Serienfertigung?

 MWM

 Deutz

C Eicher

D Güldner

Welche ungefähre Höchstbelastung verträgt ein Reifen der Größe 6.00-16AS?

A Ca. 750 Kilogramm

B Ca. 50 Kilogramm

C Ca. 525 Kilogramm

D Ca. 250 Kilogramm

20

Welchen Radstand hat der
McCormick MC 135 Power6?

A 3290 mm

B 5210 mm

C 2410 mm

D 2650 mm

Wie viel PS hat der John Deere 6630 nach ECE R24 maximal?

A 136 PS

B 663 PS

C 630 PS

D 92 PS

TECHNIK

22 Was entzündet beim Startvorgang in einem Glühkopfmotor das Öl-Luftgemisch?

A Eine elektrische Zündkerze

B Eine permanent glühende Glühkerze

C Unter dem Glühkopf befestigte Heizlampe

D Durch heiße Abgase glühender Zylinderkopf

Welche Geschwindigkeit kann ein JCB-Traktor aus der Fastrac-Serie problemlos erreichen?

A 50 km/h

B 75 km/h

C 80 km/h

D 120 km/h

24 Nach wie vielen Betriebsstunden ist beim Fendt Vario 930 ein Motorölwechsel fällig?

A 100 Betriebsstunden

C 1000 Betriebsstunden

B 10.000 Betriebsstunden

D 500 Betriebsstunden

Welche Hubkraft hat der Heckkraftheber am New Holland T8040?

A 2250 kg

B 10.203 kg

C 22.760 kg

D 5720 kg

Welches zulässige Gesamtgewicht hat der John Deere 6920S?

A 8920 Kilogramm

B 9200 Kilogramm

C 11.000 Kilogramm

D 15.000 Kilogramm

Wo hatte die Firma Deutz ihren Hauptproduktionsstandort für den Traktorenbau?

 A Köln

B Frankfurt

 C Berlin

 D Mannheim

Welche beiden Unternehmen entwickelten zusammen anfangs der 1960er Jahre sehr erfolgreich Traktoren?

A John Deere und Fendt

C Hanomag und Deutz

B Güldner und Fahr

D Deutz und Fahr

Wie viele HELA-Schlepper wurden insgesamt etwa gebaut?

A Rund 10.000 Stück

C Rund 825.000 Stück

B Rund 500.000 Stück

D Rund 32.000 Stück

Wo befand sich eines der größten Traktorwerke der ehemaligen DDR?

A Schönebeck

C Ost-Berlin

B Zschopau

D Leipzig

Wie hieß der „Vater" des ersten „Bulldog"?

A Karl Lanz   **C** Karl Huber

B Fritz Huber   **D** Friedrich Huber

Bei welcher Firma wurden die ersten Unimog gebaut?

A Böhringer

C Allgaier

B Mercedes Benz

D Erhard & Söhne AG

07 In welchem Ort standen die Produktionsanlagen für Schlüter-Traktoren?

A Friedrichshafen

B Marktoberdorf

C Nördlingen

D Freising

In welchem Zeitraum stellte Porsche Traktoren her?

A 1902 bis 1955

B 1956 bis 1964

C 1953 bis 1963

D 1951 bis 1965

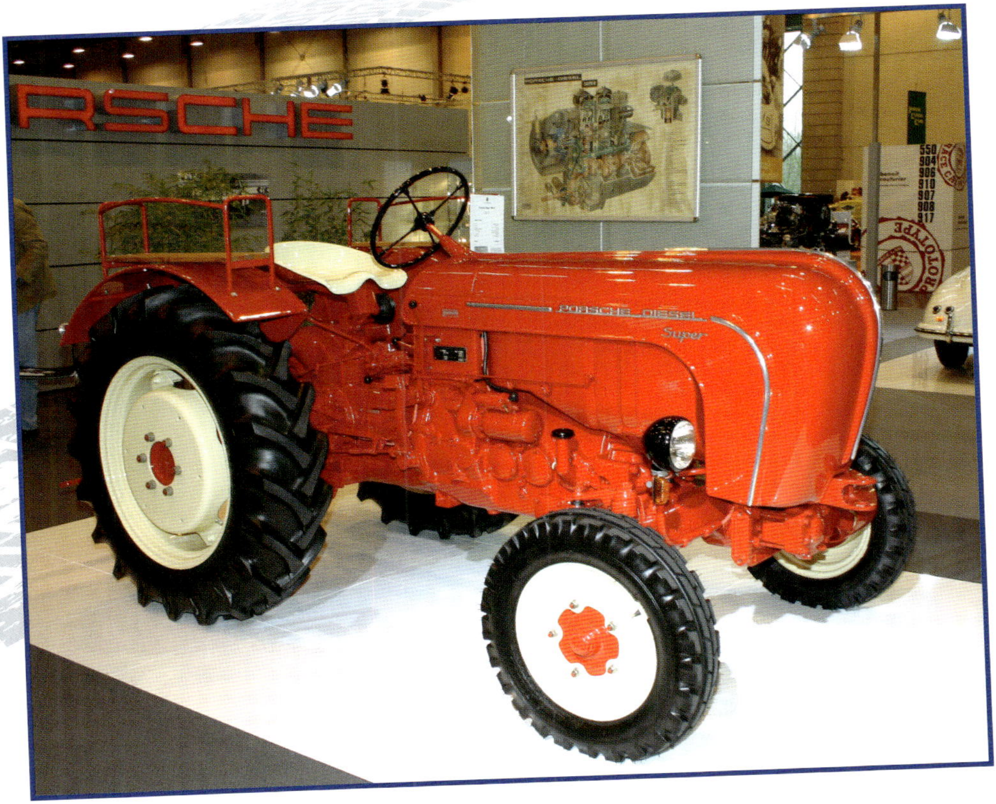

Welcher Hersteller konnte ab 1972 den ersten Platz in der deutschen Zulassungsstatistik einnehmen?

A Deutz

B Fendt

C John Deere

D IHC

Wo wurden die IHC-Schlepper gefertigt?

A Friedrichshafen

B Neuss am Rhein

C nur in den USA

D nur in Frankreich

11 Wann starb der Firmengründer Heinrich Lanz?

A 1955

B 1886

C 1905

D 1911

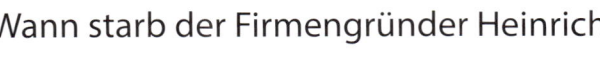

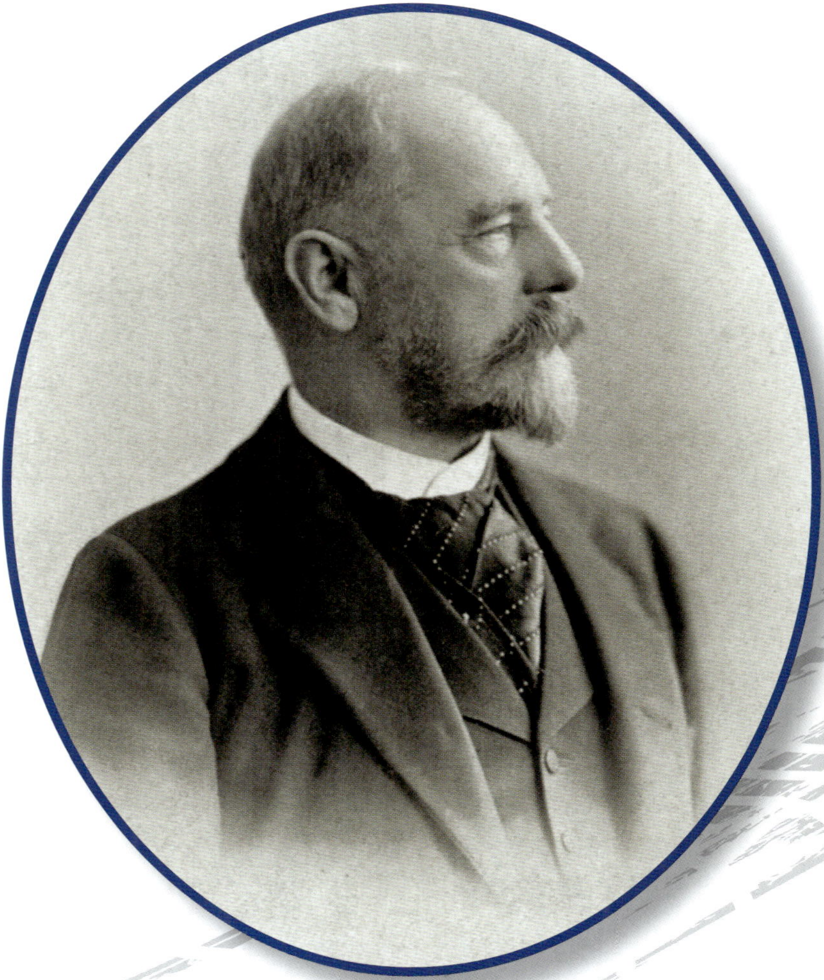

In Kooperation mit welchem amerikanischen Hersteller baute Deutz Mitte der 1980er Jahre Traktoren?

A Ford

B Caterpillar

C John Deere

D Allis-Chalmers

13 Welches der folgenden Unternehmen stellte Traktoren her?

A Stihl

C Solo (Kettensägen)

B Siemens

D BMW

14 Mit welchem Unternehmen firmierte Massey vor Ferguson?

A Harris

C Oil-Pull

B John Deere

D McCormick

Wann wurde bei Hanomag die Traktorenproduktion eingestellt?

A 1969

C 1971

B 1972

D 1977

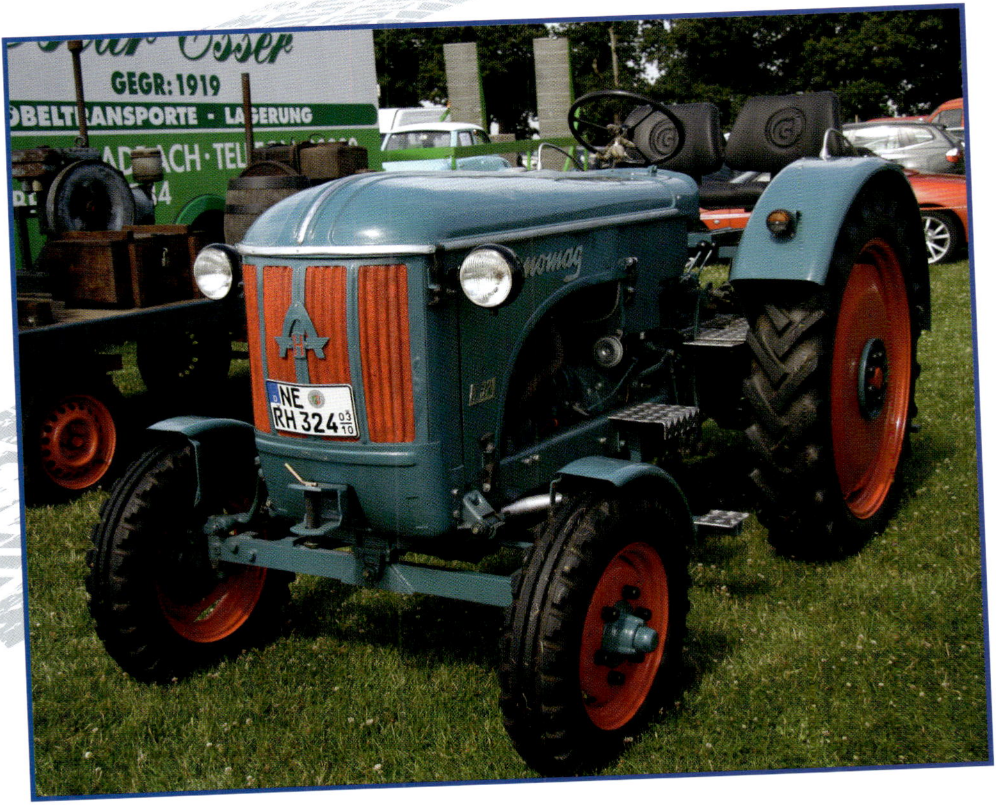

Was ist die traditionelle Farbkombination bei John Deere-Traktoren?

 A Grün-Gelb

 C Blau-Rot

 B Rot-Rot

 D Grün-Silber

Wie hieß einer der größten Felgenhersteller für Schlepperfelgen?

 A Nordrad

 C Ostrad

 B Südrad

 D Westrad

Wann wurde der erste Fendt-Traktor gebaut?

A 1921   **C** 1925

B 1931   **D** 1928

UNTERNEHMEN

19 Wie hoch war im Jahre 2010 der ungefähre Anschaffungspreis für einen Unimog U400?

A Ca. 180.000 Euro

C Ca. 700.000 Euro

B Ca. 240.000 Euro

D Ca. 55.250 Euro

20 Wann stieg SAME bei Deutz ein?

A 1995

C 1978

B 1988

D 1998

Seit wann gibt es wieder McCormick-Schlepper?

A 1999

B 1987

C 2000

D 1984

22 Seit wann baut Claas eigene Traktoren?

A 1995

B 2003

C 1965

D 1946

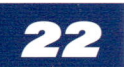

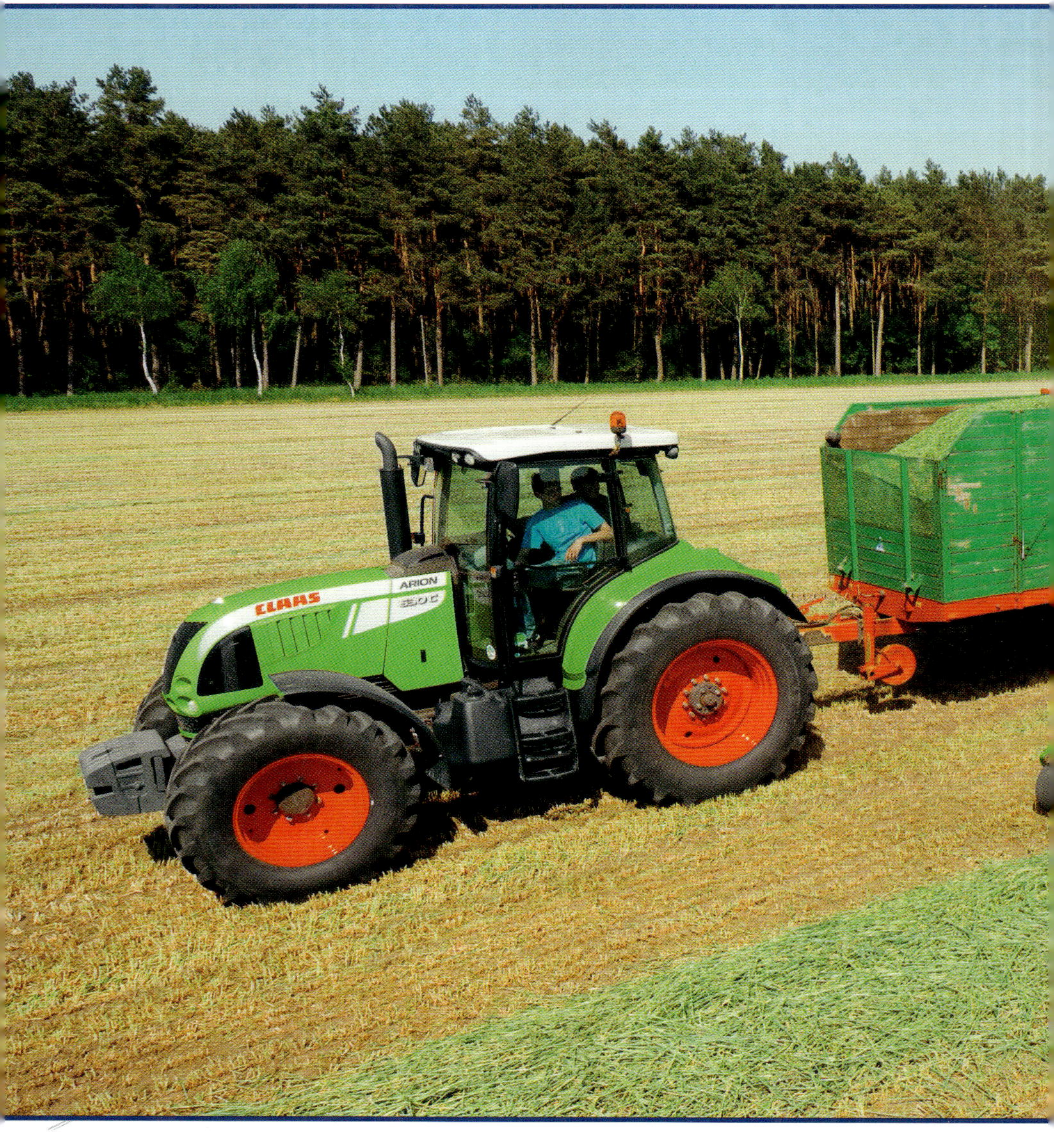

UNTERNEHMEN

MODELLE

01

Welcher Motor wurde im Fendt F24 luftgekühlt verbaut?

RICHTIGE ANTWORT: A

Da Fendt keine eigene Motorenherstellung betrieb, griff man auf die bewährten Aggregate aus dem Hause MWM zurück. Im Fendt F 24 Dieselross kam die luftgekühlte Variante des MWM AKD 112Z zum Einbau. Das 1798 ccm große Aggregat leistete 24 PS bei 1980/min. Es war ein sehr solider Motor, der sich im täglichen Einsatz tausendfach bewährte. Insgesamt wurden von der luftgekühlten Version 6369 Stück gebaut.

02

Worüber gibt das „B" in der Typenbezeichnung Fendt F 12 GH B Aufschluss?

RICHTIGE ANTWORT: B

Die Ausführung des Fendt F 12 GH B war mit 16-Zoll-Vorderreifen ausgestattet. Der Großteil der F12-Schlepper wurde mit 15 Zoll großen Vorderreifen ausgeliefert; diese Modelle trugen dann den Zusatz „A" am Ende der Typenbezeichnung. Die größeren Vorderreifen waren gegen einen geringen Aufpreis ab Werk erhältlich und wirkten sich positiv auf das Fahrverhalten des Schleppers aus. Die Ausführungen A und B standen auch beim luftgekühlten Dieselross (Fendt F 12 HL) zur Auswahl.

03

Welcher der folgenden Traktoren war die erste Eigenentwicklung von J. Deere-Lanz in Deutschland?

RICHTIGE ANTWORT: A

Die ersten Neuentwicklungen aus Mannheim nach dem Einstieg von John Deere waren die Schlepper der Baureihe 300, die ab dem Jahre 1960 aus den Fertigungshallen rollten. Der 300er hatte eine maximale Leistung von 28 PS und kämpfte anfangs noch mit Kinderkrankheiten in Form von durchrostenden Zylinderlaufbuchsen. Abgesehen von der Tatsache, dass diese Schlepper im selben Mannheimer Werk wie die Lanz-Traktoren gefertigt wurden, hatten die neuen Produkte aber keine Gemeinsamkeiten mit den früheren Modellen. Damit war die Lanz-Ära in Mannheim nun endgültig beendet.

04

Welche maximale Zughakenkraft hatte der Hanomag R 24?

RICHTIGE ANTWORT: C

Der R 24 konnte im 2. Gang auf einer Betonbahn eine maximale Zughakenkraft von 1870 Kilogramm aufbringen. Allerdings wurde hierfür ein Frontgewicht am Traktor angeschraubt, um ein Aufbäumen zu verhindern. Im 4. Gang betrug die Zughakenkraft immerhin noch 825 Kilogramm. In der täglichen Praxis wurden diese Werte allerdings selten erreicht, zumeist wegen ungünstigen Bodenverhältnissen. Besonders auf nassen Äckern sinkt die Zugkraft durch Schlupf bedingt rapide ab.

05

Was lässt sich aus der IHC-Typenbezeichnung des IHC 433 ablesen?

RICHTIGE ANTWORT: D

In der Regel gibt bei der Typenbezeichnung von IHC die erste Ziffer die Zylinderanzahl an und die nachfolgenden Ziffern die genaue Leistung in PS.
Doch wie so oft, gibt es auch hier Ausnahmen von der Regel. Genau solch eine Ausnahme ist der IHC 433. Entgegen der üblichen Nomenklatur steht die 4 nämlich für die Baureihe und die hintere Zahl gibt nur die ungefähre PS-Leistung an. Das Fahrzeug hat einen Dreizylinder-Motor mit 35 PS. Gefertigt wurden von diesem Schlepper zwischen 1975 und 1990 etwa 17.500 Stück.

06

Wie startet man einen Lanz D 7506 Glühkopfmotor?

RICHTIGE ANTWORT: C

Zunächst wird der 7506 Ackerluft Bulldog gute 5 bis 8 Minuten mit einer Heizlampe vorgeglüht, dann muss man das Lenkrad mitsamt Lenksäule abnehmen und an der rechten Fahrzeugseite am Schwungrad in eine dafür vorgesehene Aufnahme stecken. Nun muss man sich kräftig ins Zeug legen und schwungvoll kurbeln. Sofern der Motor einwandfrei ist, fängt er sofort mit lauten Schlägen an zu arbeiten. Wichtig ist, dass man das Lenkrad schnell genug wieder abzieht, da die Anlassvorrichtung keinen Freilauf hat.

07

Welches Leergewicht hat ein Eicher EM 300 Königstiger?

RICHTIGE ANTWORT: D

Der EM 300 wog in der Ausführung mit Hinterradantrieb leer 1865 Kilogramm. Dieses Gewicht konnte man durch Frontgewichte und Wasserfüllungen in den Reifen weiter steigern, was bei schweren Zugarbeiten oft nötig war, um ein Aufbäumen des Traktors zu verhindern. Das zulässige Gesamtgewicht lag bei 3000 kg.

Von dieser Version des Königstigers wurden im Zeitraum von 1958 bis 1962 beachtliche 19.422 Stück gebaut. Es war ein sehr beliebter Schlepper der Mittelklasse, der Eicher große Erfolge einbrachte.

08

Welche Motorleistung hatte die RS 02 Brockenhexe?

RICHTIGE ANTWORT: D

Die RS 02 verfügte über einen 22 PS starken Dieselmotor, der seine Höchstleistung bei 1500/min abgab und über einen Hubraum von 2,2 Liter verfügte. Bei diesem Motor handelte es sich um einen Lizenzbau des westdeutschen Herstellers Deutz. Die Brockenhexe war der erste in Serie gefertigte DDR-Traktor

aus dem neuen Werk in Nordhausen und wurde dringend benötigt, um die Mechanisierung der ostdeutschen Landwirtschaft vorantreiben zu können. Insgesamt konnten etwa 2000 Exemplare verkauft werden.

09

Wo sitzen beim Güldner G 60 die Mitfahrer?

RICHTIGE ANTWORT: B

Bei der Güldner G-Reihe sitzen die Mitfahrer nicht wie üblich auf Sitzgelegenheiten, die auf cen Kotflügeln befestigt sind, sondern zwei Personen finden Platz auf einer Holzbank hinter dem Fahrer mit Blickrichtung nach hinten. Für die Füße ist ein stabiler Metallbügel angebracht. Diese Sitzposition bietet den Vorteil, dass der Mitfahrer während der Arbeit das Anbaugerät ständig im Blick hat.

10

Wie bezeichnet man im süddeutschen Raum umgangssprachlich einen Traktor?

RICHTIGE ANTWORT: D

Gerade in Baden-Württemberg hat sich umgangssprachlich der Begriff „Bulldog" allgemein für jede Art von Traktor durchgesetzt. Nicht nur die „originalen" Bulldogs aus Mannheim werden so genannt, sondern auch moderne Schlepper anderer Fabrikate. Besonders in ländlichen Gegenden im Süden Deutschlands ist der Begriff immer noch gang und gäbe.

11

Welches Modell aus der Eicher Raubtier-Baureihe war das leistungsmäßig kleinste?

RICHTIGE ANTWORT: D

Im Jahre 1958 präsentierte Eicher die ersten neuen Modelle der legendären Raubtier-Serie. Diese Baureihe bescherte der bayrischen Firma in den 1960er Jahren satte Gewinne und volle Auftragsbücher. Der kleinste Vertreter war der Leopard mit seinem 15 PS starken Einzylindermotor. Wie alle Eichermotoren zu dieser Zeit, so war auch er luftgekühlt. Charakteristisch für die Raubtier-Klasse sind die für jeden Zylinder separat seitlich angeflanschten Axialgebläse, wodurch eine optimale Motorkühlung garantiert werden sollte.

12

Wo sitzt beim Allgaier A111 der Motor?

RICHTIGE ANTWORT: A

Um bei diesem Schlepper genügend Ballast auf die Vorderachse zu bekommen, entschied man sich 1952 bei der Konstruktion des A111 dafür, den Motor so weit vorne wie möglich zu platzieren, quasi direkt auf der Vorderachse. Das 12 PS starke Gefährt war als Tragschlepper mit reichlich Anbauraum zwischen den Achsen konzipiert. So konnte sowohl mittig als auch am Heck ein Anbaugerät mitgeführt werden, was zu einer höheren Effizienz des Schleppers führte. Nach der Übernahme durch Porsche wurde der A111 als P111 weitergebaut.

13

Wie viele Exemplare des Deutz F1 L 514/51 wurden ungefähr gefertigt?

RICHTIGE ANTWORT: C

Vom F 1 L/514/51 wurden genau 36.911 Stück gebaut. Dieser Schlepper war für viele Landwirte in den fünfziger Jahren der erste Traktor überhaupt und trieb die Mechanisierung auf deutschen Bauernhöfen entscheidend voran. Dank seines 15 PS starken Motors konnte er Arbeiten erledigen, für die bisher zwei starke Pferde nötig waren – und das wesentlich schneller und wirtschaftlicher! Auf Wunsch waren diverse Versionen dieses Deutz erhältlich, unter anderem auch eine Version mit 32 Zoll großen Hinterreifen für eine große Bodenfreiheit.

14

Welcher der folgenden Traktorenhersteller stammt aus Weißrussland?

RICHTIGE ANTWORT: B

Belarus-Schlepper werden seit 1946 in Minsk/Weißrussland gefertigt. Wie viele Geräte aus dem ehemaligen Ostblock, so besitzen auch die Belarus-Schlepper den Ruf, aus unverwüstlichem „Russenstahl" gefertigt zu sein. Technisch waren sie nie so raffiniert ausgestattet wie Modelle hierzulande, doch im harten Alltagsbetrieb glänzen sie mit sagenhafter Zuverlässigkeit. Die sehr günstigen Preise tun ihr Übriges zum Exporterfolg dieser Marke.

15

Mit welcher Neuheit sorgte Fendt 1955 auf der Landtechnik Messe in Köln für Furore?

RICHTIGE ANTWORT: C

Bei Fendt beschäftigte man sich schon ab dem Jahr 1953 mit der Entwicklung eines Geräteträgers, doch zeigte man sich zunächst zurückhaltend – was sich später als richtige Entscheidung erweisen sollte. Man lernte gewissermaßen aus den Erfahrungen anderer, allen voran vom Lanz Alldog. So wurde 1955 ein normales Fendt F12 Dieselross zum ersten Geräteträger mit Einholm umfunktioniert. Der Grundstein für eine sehr erfolgreiche Schlepperreihe war gelegt. Fast 50 Jahre nach Einführung stellte Fendt 2004 die Produktion des „Einmannsystems" ein.

16

Wann feierte der MB Trac seine Premiere?

RICHTIGE ANTWORT: A

1972 wurde auf der DLG-Schau in Hannover der erste MB Trac mit der Bezeichnung MB Trac 65/70 der Öffentlichkeit vorgestellt. Da sich die Arbeiten am Ausstellungsstück noch bis kurz vor der Präsentation hinzogen, stand das Fahrzeug mit mehr oder weniger feuchter Farbe auf dem Messestand. Der Auftrag für den Prototyp (A 60) war im Jahre 1968 erfolgt. Die ersten Serienfahrzeuge erhielten noch eine weiß-rote Lackierung. Der Erfolg des Modells war überwältigend, so lief bereits 1974 der 1000ste MB Trac des Baumusters WDB 440.161 im Werk Gaggenau vom Band. Im Jahr 1991 endete die Modellhistorie mit den Typen 1600 turbo und 1800 intercooler.

17

Nach welchem Verbrennungsprinzip arbeiteten vornehmlich die HELA-Motoren?

RICHTIGE ANTWORT: A

Bei HELA griff man hauptsächlich auf das Wirbelkammer-Verfahren mit einer so genannten Ricardo-Mulde zurück. Dieses Verfahren sorgte für eine sehr gründliche Vermischung von Diesel und Luft, was zu einem sehr ausgewogenen Motorlauf bei einem relativ niedrigen spezifischen Kraftstoffverbrauch führte. Der Einsatzbereich dieser Motoren ging über den Einbau bei den eigenen Schleppern hinaus. So wurden Aggregate dieses Herstellers auch oft zum Antrieb von Booten und Jachten verwendet. Insgesamt waren es um die 7000 HELA-Motoren, konstruiert und entwickelt von Dipl.Ing. Anton Lanz.

18

Welcher der folgenden Traktoren trug den Spitznamen „Ackermoped"?

RICHTIGE ANTWORT: A

Wegen seines relativ lauten und auch störanfälligen Motors trug der Hanomag R 12 landläufig den Spitznamen „Ackermoped" oder auch „Düsenjäger", da sein Motorklang eher an eines dieser beiden Gefährte erinnerte als an einen Traktor. Der im Zeitraum zwischen 1954 und 1957 gefertigte R 12 war an sich ein solider Schlepper, doch sein 12-PS-Zweitaktmotor stellte sich oftmals als nicht standhaft genug heraus, was Hanomag zu diversen Überarbeitungen veranlasste.

19

Welcher Traktor hatte den MWM KD1105Z verbaut?

RICHTIGE ANTWORT: C

Der MWM KD 1105Z kam im HELA D 420 zum Einbau. Der Motor hatte ein Gewicht von etwa 220 Kilogramm, einen Hubraum von 1,48 Litern und eine Leistung von 20 PS bei einer Drehzahl von 2200/min. Sein Hub betrug 105 mm und seine Bohrung 90 mm. Dieses von den Mannheimer Motorenwerken gebaute Antriebsaggregat war etwa ab Anfang der 1960er Jahre erhältlich und gehörte seinerzeit zur Gattung hubraumschwächerer und drehzahlfreudiger Motoren. Noch in den fünfziger Jahren hatte man bewusst auf langhubige Motoren mit geringeren Höchstdrehzahlen gesetzt.

20

Wie viele Exemplare des Aktivist wurden gebaut?

RICHTIGE ANTWORT: C

Der Aktivist leistete einen entscheidenden Beitrag zur Mechanisierung der DDR-Landwirtschaft. Dies war auch nötig, weil die Genossenschaften sehr große Flächen zu bewirtschaften hatten. So wurden zwischen den Jahren 1949 und 1952 genau 3761 Stück dieses Schleppertyps gefertigt. Das Besondere war sein 30 PS starker V-Motor. Problematisch war der kurze Radstand, welcher den Schlepper schnell vorne aufsteigen ließ.

21

Wie viel PS hatte der Porsche Junior 108 K von 1957?

RICHTIGE ANTWORT: B

Das leistungsmäßig kleinste Modell aus dem Hause Porsche hatte einen 14 PS starken Dieselmotor des Baumusters F 108 aus eigener Fertigung verbaut. Der Junior war ein sehr erfolgreicher und beliebter Schlepper, von dem rund 23.000 Exemplare in verschiedenen Versionen produziert wurden. Im Jahre 1960 erfuhr das gesamte Junior-Programm eine

Überarbeitung, in deren Rahmen auch seine Motorleistung auf 15 PS stieg. Die Produktion des Bestsellers endete im Jahre 1963.

22

Mit welchem Basisneupreis mussten die Käufer eines Porsche Master 419 Anfang 1962 rechnen?

RICHTIGE ANTWORT: **A**

Das Spitzenmodell der Porsche Traktorenbaureihe mit dem erwürdigen Namen Master konnte Anfang 1962 für den Neupreis von 17.480 Mark bei den Händlern bestellt werden. Die für damalige Verhältnisse recht stolze Summe entsprach immerhin dem Gegenwert von drei VW Käfer! Anfang der sechziger Jahre gehörte der 50 PS starke Master aber auch leistungsmäßig zur Spitzenklasse. Die damalige durchschnittliche Motorleistung lag bei etwa 25 bis 30 PS. Allerdings konnte der Master die rückläufigen Verkäufe bei Porsche-Diesel nicht bremsen.

23

Welcher Traktor ist hier zu sehen?

RICHTIGE ANTWORT: **C**

Bei diesem Traktor handelt es sich um einen in Argentinien gefertigten Lanz-Nachbau. Umstritten ist die Frage, ob es sich damals um offizielle Lizenzbauten handelte. Bekannt ist aber, dass ein Lanz-Monteur als Berater für Technikfragen nach Argentinien geschickt wurde, um die anfänglichen Getriebeprobleme in den Griff zu bekommen. Das hier gezeigte Exemplar ist ein Pampa T01, ein Nachbau des 55 PS starken Lanz Bulldog D1506. Ungefähr im Zeitraum von 1952 bis 1963 entstanden rund 3500 Exemplare.

24

Wann wurde der Lanz Alldog A1806 mit MWM-Motor vorgestellt?

RICHTIGE ANTWORT: **B**

Da sich der Motor der Triumph Werke Nürnberg (TWN), der ursprünglich in den ab 1952 angebotenen Alldog eingebaut wurde, als einfach nicht zuverlässig genug erwies und häufig Anlass für Reklamationen gab, brachte Lanz im Jahre 1956 den A1806 mit dem 18 PS starken MWM KD211Z auf den Markt. Nun war der Alldog ausreichend motorisiert und verkörperte ein solides Konzept, doch der schlechte Ruf des TWN-Motors hallte nach und versagte ihm einen endgültigen Durchbruch. Andere Firmen griffen das Konzept des Geräteträgers mit dem Einmannsystem auf, lernten aus den Fehlern des Alldogs und konnten mit ihren Modellen große Erfolge feiern, allen voran Fendt.

25

Welchen Spitznamen hat der Frontlader „high liftloader Typ M-UE-20" des Ferguson TEF 20?

RICHTIGE ANTWORT: **A**

Aufgrund der ungewöhnlichen Befestigung auf der Hinterachse des Schleppers und der starken optischen Anlehnung der Hubarme an eine krumme Banane, hat der Frontlader den Spitznamen „Banana Loader" bekommen.

Dieser Loader war einer der ersten Frontlader überhaupt und sollte theoretisch mehr Gewicht auf die Hinterachse bringen, doch auch bei ihm benötigt man zusätzlich ein Heckgewicht. Montiert wurde dieser Lader mit einer angegebenen Hubkraft von etwa 600 bis 700 kg beispielsweise am 26 PS starken Ferguson TEF 20.

26

Wie viel PS leistet der Motor des Fendt Favorit 3 bis 1966?

RICHTIGE ANTWORT: **A**

Der Motor des Favorit 3 leistet anfangs 52 PS bei 2300/min. Im Jahre 1966 wurde die Motorleistung auf 55 PS angehoben, da der Markt nach immer stärkeren Traktoren verlangte. Angeboten wurde der Favorit 3 von 1964 bis 1967, wobei er der erste Fendt-Schlepper mit Vierzylindermotor war. In der Normalausführung fuhr er 20 km/h, auf Wunsch war ein Schnellganggetriebe lieferbar. So ausgestattet konnte der Favorit 3 mit 29 km/h unterwegs sein. Das Leergewicht des Schleppers betrug 2655 kg.

27

Welche Hubkraft hat der John Deere 510 an der Ackerschiene?

RICHTIGE ANTWORT: **A**

Der Heckkraftheber kann eine maximale Last von 1300 kg auf der Ackerschiene heben. Je weiter das Anbaugerät nach hinten herausragt, desto geringer wird die Hubkraft, da unter anderem die Hebelwirkung den Traktor schnell vorne aufsteigen lässt. Der Direkteinspritzer-Motor des 510 leistet 40 PS bei 2400/min. Die Kraftstoffversorgung übernimmt ein Tank mit 70 Litern Fassungsvermögen. Die Hydraulikanlage speisen 10 Liter Öl.

28

Wie viele Gänge hat ein Eicher ED 310 Mammut?

RICHTIGE ANTWORT: **C**

Der größte Vertreter der Eicher-Raubtier-Serie war das Mammut. Das erste Modell, der ED 310, hatte das ZF A216 Getriebe mit 8 Vorwärts- und 4 Rückwärtsgängen verbaut. Insgesamt wurden im Zeitraum von 1959 bis 1962 genau 636 Exemplare des ED 310 gebaut, dessen Neupreis sich in der Basisversion im Erscheinungsjahr auf 15.580 Mark belief. Das Mammut-Herz schlug in Gestalt eines 45 PS starken Dreizylindermotors mit 4,2 Litern Hubraum.
Die Nachfolge des ED 310 trat der ED 500 Mammut mit verändertem Radstand an, der EA 600 Mammut II war ab 1963 erhältlich.

29

Wofür steht das „S" beim Fendt Farmer 260S?

RICHTIGE ANTWORT: **B**

Beim Farmer 260S steht das „S" für Standard. Diesen Typ gibt es auch in einer Schmalspurversion welche dann durch ein „P" an Stelle des „S" in der Modellbezeichnung zu erkennen ist. In technischer Hinsicht sind beide Schlepper nahezu identisch sowohl Getriebe als auch Motor sind in beiden Versionen gleich. Lediglich im Aufbau und in der Spurbreite weichen sie stark voneinander ab. Bei der Ausstattung konnte man zwischen Fahrerkabine oder Überrollbügel wählen.

30

Welches Leistungsspektrum umfasst die Case JX-Baureihe aus dem Jahr 2009?

RICHTIGE ANTWORT: **C**

Die im Jahr 2009 angebotenen Case-Schlepper der Baureihe JX sind mit Leistungen von 72 bis 95 PS erhältlich. Der kleinste Vertreter ist der JX 70 mit 72 PS, gefolgt vom JX 80 mit 82 PS, wiederum gefolgt vom JX 90 mit 92 PS. Die Position des Topmodells belegt der JX 95 mit 95 PS.
Bei allen Modellen dieser Serie hat man besonderes Augenmerk auf einen niedrigen Schwerpunkt und einen geringen Wendekreis (4,9 m) gelegt. Letzteres ist besonders bei Frontladearbeiten auf beengtem Raum von Vorteil.

31

Welches der aufgeführten Modelle gilt bis heute als der stärkste Schlepper der Welt?

RICHTIGE ANTWORT: **D**

Als „Stärkster Traktor der Welt" gilt das bei der Firma Big Equipment im Jahr 1977 als Unikat gebaute Modell Big Bud 16V-747. Allein die imposanten Daten lassen die Leistung anderer Schlepper verblassen: 50 Tonnen Leergewicht und 24,14 Liter Hubraum verteilt auf 16 Zylinder, Leistung bis zu 1000 PS. Je nach Boden kann er einen 14 Meter breiten Pflug 50 cm tief durch den Boden ziehen, das sind 15 Pflugschare! Als maximale Zugkraft sind rund 200 Tonnen angegeben.

32

Bis wann wurde der Agroplus 85 gebaut?

RICHTIGE ANTWORT: **B**

Der Deutz-Fahr Agroplus 85 wurde im Zeitraum von 1997 bis 2001 gefertigt. Der wassergekühlte Deutz-Motor vom Typ BF4M1012EC stellte kurzfristig eine Maximalleistung von 86 PS bei 2300/min zur Verfügung. Das maximale Drehmoment des Kraftpakets beträgt 339 Nm an der Kurbelwelle. Das ist ausreichend, um die 3800 kg Leergewicht bzw. die 6,2 Tonnen Maximalgewicht des Traktors angemessen zu bewegen. Der Kraftstofftank mit einem Fassungsvermögen von 140 Litern ist ausreichend dimensioniert, so dass auch längere Arbeiten ohne zeitraubendes Auftanken möglich sind.

33

Wie viele Ventile pro Zylinder hat der Motor des SAME Diamond 230?

RICHTIGE ANTWORT: **B**

Der sechszylindrige Deutz-Motor der Baureihe 2013 verfügt über 4 Ventile pro Zylinder, also insgesamt über 24. Die Motorsteuerung mit 24 Ventilen optimiert die Zylinderfüllung und verbessert so die Qualität des Diesel-Luftgemisches. Konstruktiv lässt sich außerdem eine mittige und senkrechte Anordnung der Einspritzdüsen umsetzen, was ebenfalls positive Auswirkungen auf Verbrauch und Leistung des Motors hat. Bei älteren Traktoren saß die Einspritzdüse meist schräg seitlich im Zylinderkopf.

34

Wo sitzt beim Fendt 307CI der Kraftstofftank?

RICHTIGE ANTWORT: **A**

Der Kraftstofftank sitzt beim Fendt 307CI in Fahrtrichtung gesehen auf der linken Schlepperseite. Er hat ein Fassungsvermögen von 108 Litern, wodurch längere Einsätze ohne lästiges Nachtanken möglich sind.

Der vierzylindrige Motor hat nach ECE R24 eine Nennleistung von 80 PS und eine – kurzfristige – Maximalleistung von 92 PS bei jeweils 2300/min. Die Norm ECE R24 definiert die Leistungsmessung eines Motors und wird heute anstatt der alten DIN 70020 verwendet. Bemisst man die Motorleistung nach EG97/68, so liegt die Nennleistung des Fendt-Aggregats bei 88 PS und die Maximalleistung bei 99 PS.

35

Was für ein Fendt ist hier abgebildet?

RICHTIGE ANTWORT: **D**

Das Bild zeigt einen Fendt 231 GT (Baujahr 1983) mit MWM D325-3-Motor. Der Motor beherbergt drei Zylinder, leistet 35 PS und ist mit einem Getriebe verschraubt, das über 16 Vorwärts- und 8 Rückwärtsgänge verfügt.

Von 1967 bis 1993 wurde der Fendt 231 GT in verschiedenen Versionen gebaut. Dabei wurden sowohl MWM- als auch Deutz-Motoren mit ausschließlich Luftkühlung verbaut. Der Radstand des Schleppers beträgt 4410 mm und das Leergewicht 1950 kg.

36

Wie viele Vorwärtsgänge hat der Case IH STX 375 Quadtrac?

RICHTIGE ANTWORT: **A**

Der Case Raupenschlepper IH STX 375 Quadtrac verfügt über 16 Vorwärts- und 2 Rückwärtsgänge: Damit ist eine maximale Höchstgeschwindigkeit von 35 km/h möglich. Raupenschlepper kommen immer dann zum Einsatz, wenn der Boden nur gering verdichtet werden darf, zum Beispiel im Forst-einsatz oder aber wenn in sehr morastigen Gebieten gearbeitet werden soll. Die Gummiraupenglieder erlauben auch zügige Straßenfahrten, was bei Rau-penschleppern der Vergangenheit nur eingeschränkt möglich war.

37

Für was steht das „A" in der Typbezeichnung Fendt 306 LSA?

RICHTIGE ANTWORT: A

Das „A" in der Typenbezeichnung „LSA" steht für All-radantrieb, das LS für Luxusversion mit einer sehr komfortablen Kabine. Der 306 LSA hatte in der ers-ten Version einen bewährten MWM-Vierzylinder-motor des Typs D226-4 verbaut, der maximal 70 PS bei 2200/min leistete. Der Radstand dieses Fendt mit einem Leergewicht von 3705 Kilogramm betrug 2320 mm. Im Zeitraum von 1980 bis 1985 wurde der 306 LSA mit 14 Vorwärts- und 2 Rückwärtsgängen ausgeliefert, bis er im Jahre 1985 überarbeitet wur-de und ein Getriebe mit 21 Vorwärtsgängen erhielt. Die letzten Versionen des 306 LSA liefen im Jahre 1993 vom Band.

38

Was für ein Schlepper ist hier abgebildet?

RICHTIGE ANTWORT: B

Bei dem hier abgebildeten Schlepper handelt es sich um einen Deutz-Fahr 6507. Dieses Modell ist mit dem 65 PS starken, luftgekühlten Deutz F4L 912 be-stückt, der wie auch die anderen Motoren aus dem Kölner Werk bekannt ist für seine extrem zuverläs-sigen Kaltstarteigenschaften und sehr hohen Lauf-leistungen. Den 6507 konnte man wahlweise mit Allradantrieb, festem Fahrerhaus, Seitenschaltung und weiterem umfangreichen Zubehör ordern.

PRAXIS

01

Welchen Leistungsbedarf hat ein Balkenmähwerk ungefähr?

RICHTIGE ANTWORT: **A**

Ein Messerbalken hat einen relativ geringen mechanischen Kraftbedarf und so kann bereits ab etwa 10 PS Leistung ein 1,5 m breiter Messerbalken auch hüfthohes Gras sauber mähen. Die Mechanik eines solchen Anbaugeräts verlangt allerdings eine relativ aufwändige Pflege, denn überall, wo Metall auf Metall gleitet, muss intensiv gewartet werden, um den Verschleiß so gering wie möglich zu halten. Bei vielen Traktoren ist eine Holzstange im Antrieb verbaut, die als Sollbruchstelle für den Fall dient, dass sich Steine oder Ähnliches zwischen den Messern verklemmen.

02

Wie viele zulassungsfreie Anhänger darf man hinter einem Traktor mitführen?

RICHTIGE ANTWORT: **C**

Hinter land- und forstwirtschaftlich genutzten Traktoren dürfen maximal zwei Anhänger mitgeführt werden. Diese dürfen allerdings nur mit einer maximalen Geschwindigkeit von 25 km/h gezogen werden. Die Benutzung von zulassungsfreien Anhängern auf öffentlichen Straßen ist nur für land- und forstwirtschaftliche Zwecke gestattet. Allerdings muss für diese Anhänger eine Betriebserlaubnis vorliegen. Die Gesamtlänge des Zuges darf 18,75 m nicht übersteigen und jeder Anhänger muss über ein sichtbares Folgekennzeichen verfügen.

03

Wie nennt man Traktoren, die vorne sehr eng angebrachte, schräg stehende Vorderräder haben?

RICHTIGE ANTWORT: **A**

So genannte Row-crop Traktoren – zu deutsch: Reihenkultur- oder auch Reihenfrucht-Traktoren – haben eine für den europäischen Markt ungewöhnliche Erscheinungsform: Die Vorderräder sitzen sehr dicht und schräg beisammen und der Schlepper hat eine sehr große Bodenfreiheit. Die Spurweite der Hinterräder ist mehrfach verstellbar. Hauptsächlich haben US-Hersteller für ihren Heimatmarkt Row-crop Schlepper produziert, denn besonders in großen Reihenkulturen wie Baumwollplantagen kamen solche Modelle zum Einsatz. Aber auch zum Beispiel Lanz bot mit dem D2803 einen Bulldog in Reihenfrucht-Bauweise an.

04

Wie sollte der Luftdruck auf dem Acker gegenüber der Straße gewählt werden?

RICHTIGE ANTWORT: **B**

Auf dem Acker sollte man den Luftdruck etwas niedriger wählen als auf der Straße. Je nach Reifengröße wird empfohlen, den Luftdruck der Antriebsräder um etwa 0,5 bar zu verringern. Dadurch wird die Aufstandsfläche des Reifens größer, der Bodendruck pro cm^2 verringert sich und der Reifen sinkt nicht so tief ein. Somit wird eine höhere Zugkraft des Schleppers gewährleistet.

05

Wie füllt sich dieses abgebildete, moderne Güllefass?

RICHTIGE ANTWORT: **B**

Moderne Gülle- oder Jauchefässer verfügen über eine Schlepperzapfwellen-angetriebene Vakuumpumpe. Soll das Fass auf dem Hof gefüllt werden, wird mit der Pumpe im Tank ein Vakuum erzeugt und die Gülle ins Fass befördert. Auf dem Feld angekommen, wird die Pumpe umgestellt, sie erzeugt nun einen Überdruck im Tank, wodurch die Gülle nach draußen befördert wird.

Neben diesem System gibt es auch die Förderung mit

Hilfe von Drehkolben- oder Exzenterschneckenpumpen. Diese leistungsfähigeren Systeme kommen vor allem bei sehr großen Güllefässern zum Einsatz oder wenn die Gülle aus einer großen Tiefe angesaugt werden muss.

In welchem Bereich liegt die optimale Mähgeschwindigkeit bei einem Messerbalken?

RICHTIGE ANTWORT: A

Bei einem Messerbalken hat die Mähgeschwindigkeit entscheidenden Einfluss auf das Schnittergebnis. Bei etwa 8 km/h mäht ein Messerbalken am effektivsten; man kann auch langsamer fahren, doch die Wirtschaftlichkeit sollte nicht außer Acht gelassen werden. Mäht man mit zu hoher Geschwindigkeit, kann es schnell passieren, dass die Messer verstopfen oder so viel Schnittgut zugeführt bekommen, dass sie nicht mehr richtig schneiden.

07

Was ist ein Winkeldrehpflug?

RICHTIGE ANTWORT: B

Bevor man in den 50er Jahren den Winkeldrehpflug erfand, verwendete man in der Landwirtschaft überwiegend Anhängepflüge, die noch aus der tierischen Gespannzeit stammten. Doch sehr viele von ihnen hatten einen großen Nachteil: Man musste, nachdem man eine Furche gezogen hatte, wieder zurückfahren ohne zu pflügen, damit alle Pflugfurchen gleich wurden, da beim Pflügen die Erde immer nach rechts gewendet wird. Um diese „Leerfahrten" zu verhindern, kamen in den Fünfzigern des letzten Jahrhunderts Winkeldrehpflüge mit 3-Punkt-Hydraulikaufnahme in den Landmaschinenhandel. Am Ende jeder Furche wurde der Pflug manuell vom Fahrer gewendet und so konnte das Feld beidseitig gepflügt werden.

08

Wie oft muss ein Schlepper mit Druckluftbremse und einer Höchstgeschwindigkeit von über 40 km/h zur Hauptuntersuchung?

RICHTIGE ANTWORT: C

Schlepper, die eine eigene Druckluftbremsanlage haben, müssen jedes Jahr zur gesetzlich vorgeschriebenen Hauptuntersuchung. Diese Regelung basiert auf der Tatsache, dass solche Schlepper oft mit sehr schweren Anhängern mit gut 20 Tonnen Ladung unterwegs sind und Geschwindigkeiten bis 50 km/h erreichen können.

„Normale" Schlepper oder Schlepper mit einer Druckluftbremsanlage für Anhänger müssen hingegen wie Pkw alle zwei Jahre zur Hauptuntersuchung beim TÜV bzw. einer anderen Prüforganisation vorgeführt werden.

09

Wozu dient eine ölhydraulische Kupplung?

RICHTIGE ANTWORT: C

Die ölhydraulische Kupplung war für die tägliche Praxis ein gern gesehenes Extra am Schlepper. Sie ermöglicht es dem Fahrer, ruckfrei in jedem Gang in der Ebene oder am Berg anzufahren. Dies ist besonders von Vorteil, wenn hoch beladene Anhänger mitgeführt werden und keine Ladung verloren gehen soll. Auch wenn es darum geht, unnötige Lastwechsel beim Hochschalten zu vermeiden, ist dieses System vorteilhaft und das gefährliche Rückwärtsrollen eines Schleppers beim Runterschalten am Berg bei sehr niedriger Geschwindigkeit und hoher Last wird verhindert.

10

Was ist ein Triebachsanhänger?

RICHTIGE ANTWORT: A

Ein Triebachsanhänger ist ein Anhänger, der über die Schlepperzapfwelle angetrieben wird und dadurch den Traktor von hinten „schiebt". Diese Anhänger wurden entwickelt, als es noch keine Allradschlepper gab, um auch im morastigen Gelände voranzukommen.

Wichtig dabei ist, dass der Schlepper über eine Wegzapfwelle verfügt, die sich je nach Fahrgeschwindigkeit unterschiedlich schnell dreht. Außerdem muss für das richtige Übersetzungsverhältnis auch die Bereifung des Anhängers auf die des Schleppers abgestimmt sein.

11

Welche Arbeitsbreite weist das abgebildete Mähwerk der Firma Fella auf?

RICHTIGE ANTWORT: C

Das abgebildete Kreiselmähwerk aus dem Hause Fella besitzt eine Arbeitsbreite von 1,65 m. Der gute alte Messerbalken kommt heute in der täglichen Praxis nur noch selten zum Einsatz. Hauptvorteil eines Kreiselmähwerks ist eine weitaus höhere Arbeitsgeschwindigkeit von 20 km/h. Dafür stellt ein Mähwerk dieser Größe höhere Anforderungen an einen Traktor als ein Messerbalken. So beträgt der Leistungsbedarf mindestens 35 PS und der Traktor muss auch mit der weit nach hinten stehenden Last gut fertig werden können.

12

Wie wird die maximale Zughakenkraft ermittelt?

RICHTIGE ANTWORT: C

Um Schlepper objektiv vergleichen zu können, hat man schon in den 1950er Jahren unabhängige Tests durchgeführt, welche dann in den „gelben Schlepperseiten" veröffentlicht wurden und als so genannte „Marburg-Tests" bekannt waren.

Um die maximale Zughakenkraft ermitteln zu können, wurde der Schlepper auf eine Betonbahn gefahren und – sofern vom Hersteller konstruktiv vorgesehen – mit Belastungsgewichten bestückt. Anschließend wurde der Schlepper mit einem Ge-

rät zur Zugmessung fest verbunden und die Last in jedem Gang gezogen. Naturgemäß ist die Zugkraft in den kleinen Gängen am größten.

13

Wie viel PS müssen pro Pflugschar bei einem Oldtimertraktor mindestens vorhanden sein?

RICHTIGE ANTWORT: C

Beim Pflügen mit Oldtimerschleppern gilt als Faustregel: Pro Schar sollten ungefähr 20 PS vorhanden sein. Allerdings hängt der Leistungsbedarf beim Pflügen sehr stark vom jeweiligen Boden und der Arbeitstiefe ab. So kann auf einem sehr leichten Boden durchaus ein 15-PS-Schlepper einen 2-Schar-Pflug bei einer Arbeitstiefe von etwa 10 cm ziehen. Wird der Boden lehmiger, steigt der Kraftbedarf stark an. Bei modernen Pflügen liegt der Leistungsbedarf deutlich höher, weil die Schare größer dimensioniert sind und sich das Eigengewicht der Geräte im Vergleich zur damaligen Technik erhöht hat.

14

Bis zu welcher Anhängelast sind Auflaufbremsen erlaubt?

RICHTIGE ANTWORT: A

In Deutschland dürfen Anhänger bis zu einem zulässigen Gesamtgewicht von 8 Tonnen mit einer Auflaufbremse gebremst werden. Sobald der Anhänger dieses Gewicht übersteigt, ist eine Druckluftbremsanlage vorgeschrieben. Denn wenn der Anhänger deutlich schwerer als das Zugfahrzeug ist, läuft der Anhänger nicht mehr auf, sondern schiebt den Traktor einfach beiseite. Eine Auflaufbremse leitet den Bremsvorgang mechanisch erst ein, wenn der Hänger auf das Zugfahrzeug aufläuft. Eine Druckluftbremse hingegen arbeitet ab dem Moment, in dem das Bremspedal betätigt wird.

TECHNIK

01

Welchen Vorteil bieten Gummireifen gegenüber Stahlrädern?

RICHTIGE ANTWORT: **B**

Stahlräder mit ihren Spaten boten zwar auf dem Acker dem Traktor einen sehr guten Halt und auch sehr matschige Äcker konnten gut befahren werden, doch waren sie äußerst aufwändig in der Handhabung. So mussten zur Straßenfahrt immer erst große Eisenlaufringe montiert werden, um überhaupt fahren zu können. Am Acker angekommen, mussten sie mühevoll wieder entfernt werden. Ein weiterer Aspekt war der kaum vorhandene Fahrkomfort.

02

Was ist ein Pony-Motor?

RICHTIGE ANTWORT: **C**

Bei einem so genannten Pony-Motor handelt es sich um ein kleines Benzin-Triebwerk, das dazu dient, den größeren Dieselantriebsmotor zu starten. Dazu wird der Pony-Motor auf Drehzahl gebracht und durch das Betätigen eines Hebels mit dem größeren Motor verbunden. Der Vorteil dieser – vor allem bei alten amerikanischen Traktoren anzutreffenden – Technik macht sich besonders bei sehr niedrigen Umgebungstemperaturen bemerkbar: Der kleine Benzinmotor springt leichter an, hat mehr Leistung als ein Elektrostarter und kann den Hauptmotor problemlos auch über einen längeren Zweitraum durchdrehen.

03

Was bewirken größere Hinterräder?

RICHTIGE ANTWORT: **A**

Durch die Montage von größeren Hinterrädern wird auch der Abrollumfang größer und damit steigt die Höchstgeschwindigkeit. Mit dieser Maßnahme verringert sich allerdings die Zugkraft des Schleppers, weil die Übersetzung zugunsten einer höheren Geschwindigkeit verlängert wird. Es muss aber immer beachtet werden, ob die Betriebserlaubnis des Schleppers die Montage anderer Reifengrößen überhaupt vorsieht.

04

Warum verbaut man bei Traktoren Diesel- anstatt Benzinmotoren?

RICHTIGE ANTWORT: **D**

Ein Dieselmotor stellt bereits ab einer sehr niedrigen Drehzahl ein sattes Drehmoment zur Verfügung, was ihn unter Last sehr zäh macht; man muss deshalb weniger schalten. Das niedrige Drehzahlniveau sorgt auch für weniger Verschleiß im Vergleich zum schnelllaufenden Benziner. Das Fehlen einer störanfälligen Zündanlage erhöht außerdem die Zuverlässigkeit im rauen Alltagseinsatz.

05

Welche Funktion hat eine Doppelkupplung?

RICHTIGE ANTWORT: **C**

Eine Doppelkupplung hat zwei Stufen zum Niedertreten: In der ersten Stufe wird nur der Fahrantrieb unterbrochen und die Zapfwelle läuft weiter, was zum Beispiel sinnvoll ist beim Betrieb eines zapfwellengetriebenen Ladewagens. Das Anbaugerät kann während des Gangwechsels weiterarbeiten, ohne dass der Kraftfluss unterbrochen wird. Auch kann sich auf diese Weise ein verstopfter Häcksler freilaufen, ohne dass man mehrfach schalten und kuppeln muss. Drückt man das Pedal ganz durch, so werden sowohl der Fahr- als auch der Zapfwellenantrieb unterbrochen.

06

Um was handelt es sich bei dem Begriff Rotocap?

RICHTIGE ANTWORT: **B**

Die Firma HELA hatte für ihre Motoren ein patentiertes System entwickelt, um das Einbrennen der Ventile und deren einseitigen Verschleiß zu verhindern. Das System hieß „Rotocap" und war eine Art Zwangsdrehvorrichtung für die Ein- und Auslassventile des Motors. So drehten sich die Ventile bei jeder Öffnung ein Stück weiter um ihre eigene Achse, um vorschnelle Abnutzung und einseitiges Einlaufen zu verhindern. Dadurch konnte die Lebensdauer dieser hochbelasteten Motorteile deutlich gesteigert werden.

07

Was versteht man unter einem Raddruckverstärker?

RICHTIGE ANTWORT: **D**

Ein Raddruckverstärker sorgt dafür, dass mehr Gewicht vom Anbaugerät auf die Hinterachse des Schleppers übertragen wird. Auf diese Weise kann bei ungünstigen Bodenverhältnissen ein Durchdrehen der Antriebsräder vermieden werden.

Zum Beispiel hängt ein Pflug beim Pflügen nicht mit seinem Gewicht am Traktor, sondern vielmehr „schwimmt" er im Boden. Durch den Verstärker kann man Gewicht auf den Schlepper übertragen, ohne dass man die Arbeitstiefe korrigieren muss. Der kurze Betätigungshebel befindet sich im Bild links neben dem Fahrersitz.

08

Warum gibt es Sommer- und Winterdiesel?

RICHTIGE ANTWORT: **A**

Aufgrund seiner chemischen Zusammensetzung neigt Dieselkraftstoff dazu, ab Temperaturen um den Gefrierpunkt zu versulzen oder „flockig" zu werden (Bildung von Paraffinkristallen). Durch spezielle chemische Zusätze für die kalte Jahreszeit kann dies verhindert werden; andernfalls würde sich der Kraftstofffilter zusetzen und der Motor absterben. In Deutschland wird an den Tankstellen ab Anfang November langsam mit dem Umstieg auf Winterdiesel begonnen.

09

Wie hoch ist die genormte Zapfwellendrehzahl?

RICHTIGE ANTWORT: **A**

Gemäß der DIN 9611 muss jede Zapfwelle mit einer Drehzahl von 540/min rotieren, um der Norm zu entsprechen. Dabei liegen Abweichungen von 10 % nach unten und 30 % nach oben noch innerhalb der Normtoleranz.

Weiter regelt die Norm 9611 auch die Form der Zapfwelle, damit sie universell verwendet werden kann. Daneben haben einige Traktoren auch noch eine „schnelle" Zapfwelle mit 1100 Umdrehungen pro Minute. Vorgeschriebene Drehrichtung: im Uhrzeigersinn.

10

Wie oft sollte man bei einem Oldtimerschlepper das Motoröl wechseln?

RICHTIGE ANTWORT: **C**

Für Antriebsaggregate aus den 1950er und 1960er Jahren gaben die meisten Motorenhersteller als Ölwechselintervall etwa 100 Betriebsstunden an. Allerdings ist dieser Wert nur ein grober Anhaltspunkt, schließlich ist es ein Unterschied, ob ein Motor 100 Stunden mehr oder weniger im Leerlauf betrieben wird oder dieselbe Zeit auf dem Acker Schwerstarbeit leistet. Deshalb gab es teilweise Betriebsstundenzähler, die bei unter Volllast laufenden Motoren schneller eine Betriebsstunde erreichten als bei unter Minimallast laufenden Triebwerken.

11

Wann wurden Überrollbügel in Deutschland für Traktoren zur Pflicht?

RICHTIGE ANTWORT: **D**

Da Traktoren konzeptbedingt einen relativ hohen Schwerpunkt haben, neigen sie recht schell dazu, bei Arbeiten an Bergen und Hängen umzukippen. Eine Reihe schwerer Unfälle hatte bauliche Maßnahmen zur Folge: Um im Falle des Umkippens dem Fahrer ein Mindestmaß an Schutz zu bieten, schrieb die Berufsgenossenschaft ab dem Jahre 1970 vor, dass alle land- u. forstwirtschaftlich genutzten Schlepper mit einer Unfallverhütungsvorrichtung, kurz Überrollbügel, ausgerüstet sein müssen.

12

Welche Aufgabe erfüllen Kolbenringe neben dem Abdichten des Zylinders außerdem noch?

RICHTIGE ANTWORT: **B**

Kolbenringe haben die Aufgabe, den Kolben gegen die Zylinderlauffläche abzudichten, damit sich möglichst der volle Kompressionsdruck aufbauen kann. Außerdem wird verhindert, dass Verbrennungsgase ins Kurbelgehäuse entweichen können. Zusätzlich sorgen die Kolbenringe für die Wärmeableitung vom heißen Kolbenboden an die kühleren Zylinderwände. Bei den in Traktoren eingebauten Dieselmotoren verwendet man häufig drei so genannte Kompressions- und zwei Ölabstreifringe. Letztere sorgen dafür, dass Schmieröl vom Zylinder wieder in die Ölwanne befördert wird.

13

Welche Ölfilter-Bauform war bis Anfang der 1960er Jahre Standard?

RICHTIGE ANTWORT: **C**

Bis Anfang der 1960er Jahre verwendete man so genannte Spaltfilter. Hierbei handelt es sich um eine Art metallischen „Kamm", durch den das Motoröl fließt, bevor es zu den Hauptlagerstellen im Motor gelangt. Er ist nur in der Lage, größere Fremdkörper aus dem Ölstrom zu filtern und wirksam zurückzuhalten. Zu diesem Zweck wird er mechanisch (automatisch oder manuell) immer ein Stück weitergedreht. Später wurden Mikro-Feinfilter mit Papiereinsatz verbaut, welche auch kleinste Fremdkörper herausfiltern können.

14

Was ist die Agriomatic?

RICHTIGE ANTWORT: **A**

Seit dem Jahre 1957 gab es bei IHC-Schleppern das so genannte Agriomatic Lastschaltgetriebe, welches den Gangwechsel, den Wechsel der Schaltgruppen oder die Verringerung der Fahrgeschwindigkeit bei gleichbleibender Zapfwellendrehzahl ermöglichte. Auch war es mit einer Fernbedienung möglich, den Traktor anfahren zu lassen, ohne auf dem Fahrersitz Platz zu nehmen. In Schleppern wie dem IHC D 322 gab es dieses Getriebe als aufpreispflichtiges Zubehör, bei stärkeren Modellen wie dem D 432 war es serienmäßig verbaut.

15

Welche Bauweise war in Deutschland bei Traktoren lange üblich?

RICHTIGE ANTWORT: **D**

In Deutschland war die Blockbauweise die wohl am weitesten verbreitete Bauweise bei Traktoren. Nur wenige Hersteller, wie beispielsweise Hanomag mit dem Modell R112, setzten auf die Rahmenbauweise. Die Blockbauweise besitzt den produktionstechnischen Vorteil, dass der Traktor abgesehen von den Anbauteilen nur aus den wichtigsten Komponenten wie Motor, Getriebe und Kupplungsblock besteht und auf einen separaten Rahmen verzichtet werden kann. Ein letztendlich wesentlich kostengünstigeres Konstruktionsprinzip.

16

Welche Bauart einer Bremse war bis weit in die 1970er Jahre bei Traktoren häufig zu finden?

RICHTIGE ANTWORT: **A**

Bis weit in die 1970er Jahre hinein war die Trommelbremse bei deutschen Traktoren Standard. Ihre Vorteile gegenüber der Scheibenbremse liegen in einem relativ guten Schutz gegen Verschmutzung und einem Selbstverstärkungseffekt beim Bremsen. Im Vergleich zur Scheibenbremse als nachteilig erweist sich ihre mangelnde Kühlung, die geringere Bremskraft und der höhere Wartungsaufwand. Wenn eine Trommelbremse schlecht „zieht", sind meist die Bremsbeläge hart und glasig geworden.

17

Wer erfand die 3-Punkt-Hydraulik?

RICHTIGE ANTWORT: **A**

Ende der 20er Jahre machte Henry Ferguson eine Erfindung, welche die Traktorenproduktion bis heute geprägt hat: Er konstruierte die patentierte 3-Punkt-Aufhängung. Vor deren Markteinführung war es unter schwerer Zuglast oft zum gefährlichen Aufbäumen des Traktors gekommen, was durch dieses geniale System stark vermindert wird. Im Jahre 1933 wurde dann der Prototyp des ersten Traktors der Welt mit 3-Punkt-Aufhängung und hydraulischer Aushebung, der so genannte „Black Tractor" fertiggestellt.

18

Welcher Hersteller übernahm den ersten luftgekühlten Motor in die Serienfertigung?

RICHTIGE ANTWORT: **C**

Durch die kriegsbedingte Produktion von Flugmotoren inspiriert, begann man im Hause Eicher nach 1945 mit der Entwicklung eines luftgekühlten Dieselmotors für den Einbau in Traktoren. Im Jahre 1948 gelang die technische Sensation: Der erste in Serie gefertigte luftgekühlte Dieselmotor der Welt wurde in einen Traktor montiert. Bei diesem legendären Modell handelte es sich um den Eicher ED 16. Luftkühlung bot eine Reihe von Vorteilen, so musste man beispielsweise keinen Wasserstand kontrollieren und die Gefahr des Einfrierens im Winter bestand auch nicht.

19

Welche ungefähre Höchstbelastung verträgt ein Reifen der Größe 6.00-16AS?

RICHTIGE ANTWORT: **C**

Ein 16-Zoll-Reifen der genannten Dimension verträgt bei einem Druck von 2,0 bar etwa 525 Kilogramm an maximaler Belastung, bevor er Schaden nimmt. Senkt man den Luftdruck ab, so verringert sich seine maximale Tragkraft. Im Gegenzug kann man diese jedoch nicht durch übermäßiges Erhöhen des Drucks steigern, sonst kann der Reifen durch Überdruck Schaden nehmen. Übrigens sind viele Schlepper aus den 1950er und 1960er mit Vorderrädern dieser Größe ausgestattet.

20

Welchen Radstand hat der McCormick MC 135 Power6?

RICHTIGE ANTWORT: **D**

Unter dem Radstand versteht man Abstand von Achsmitte zu Achsmitte. Der 126 PS starke McCormick MC 135 Power6 weist einen Radstand von 2650 mm auf. Da bei modernen Traktoren auch sehr viel Wert auf den Komfort des Fahrers gelegt wird, ist der MC 135 serienmäßig mit einer Heizung und Klimaanlage in der schallgedämpften Kabine ausgerüstet. Auf Wunsch kann auch ein luftgefederter Fahrersitz geordert werden.

21

Wie viel PS hat der John Deere 6630 nach ECE R24 maximal?

RICHTIGE ANTWORT: **A**

Der Sechszylindermotor des John Deere 6630 gehörte seinerzeit zu den modernsten Triebwerken aus dem Hause John Deere. Es verfügt zum Beispiel über ein vollelektronisches Motormanagement mit einer 2-Ventil-Common Rail-Hochdruckeinspritzung (HPCR), eine moderne Zweikreiskühlung (DTC) und einen temperaturgesteuerten Viscolüfter, der sich automatisch bei zu hoher Kühlwassertemperatur einschaltet. Maximal leistet der 6,78-Liter-Motor nach ECE R24 136 PS bei 2100/min.

22

Was entzündet beim Startvorgang in einem Glühkopfmotor das Öl-Luftgemisch?

RICHTIGE ANTWORT: **C**

Da die Verdichtung bei einem Glühkopfmotor nicht so hoch ist wie bei einem Dieselmotor, kann sich das Gemisch nicht „selbst" entzünden. Um den Motor dennoch laufen lassen zu können, muss man ihn sprichwörtlich „vorglühen" bis sein Glühkopf eine Temperatur von über 600 Grad Celsius hat. Durch die große Hitze des Glühkopfes entzündet sich das Gemisch und die dabei entstehende Hitze hält die Temperatur des Kopfes bei rund 700 °C. Wird der Glühkopf zu kalt, stirbt der Motor ab.

23

Welche Geschwindigkeit kann ein JCB-Traktor aus der Fastrac-Serie problemlos erreichen?

RICHTIGE ANTWORT: **C**

Bei den aus England stammenden JCB-Traktoren der Fastrac-Serie kann man sich auf Wunsch ein wahres Schnellganggetriebe einbauen lassen. So erreicht zum Beispiel der JCB 3220 gut 65 km/h und wird sogar in der schnellsten Version mit 80 km/h Höchst-

geschwindigkeit angeboten. Solche Geschwindigkeiten sind besonders von Vorteil, wenn die landwirtschaftlichen Anbauflächen oft über größere Entfernungen verstreut liegen.

24

Nach wie vielen Betriebsstunden ist beim Fendt Vario 930 ein Motorölwechsel fällig?

RICHTIGE ANTWORT: **D**

Fendt schreibt für das 270 PS starke Herz des Vario 930 einen Ölwechselintervall von 500 Betriebsstunden vor. Doch dieser Wert ist nach Angabe von Fendt zu halbieren, wenn der Schlepper mit Biodiesel gefahren wird, speziell mit RME (Rapsöl-Methylester), einem aus Raps gewonnenen Biodiesel. Besonders in den Kaltlaufphasen kommt es bei jedem Motor zu einer Verdünnung von Motoröl durch Kraftstoff, wobei sich Biodiesel schädlicher auf die Schmierleistung des Öls auswirkt als normaler Diesel.

25

Welche Hubkraft hat der Heckkraftheber am New Holland T8040?

RICHTIGE ANTWORT: **B**

Der T8040 von New Holland kann an den Kupplungspunkten der Unterlenker eine Last von 10.203 kg heben, das sind 944 kg mehr Hubkraft als der 308 PS starke Schlepper selbst leer auf die Waage bringt! Auch das Fronthubwerk kann beachtliche 6370 kg heben. Diese großen Hubkräfte sind angesichts der immer schwerer werdenden Anbaugeräte allerdings auch von Nöten.

26

Welches zulässige Gesamtgewicht hat der John Deere 6920S?

RICHTIGE ANTWORT: **C**

Der 6920S von John Deere darf maximal 11.000 kg auf die Waage bringen. Die Vorderachse darf maximal mit 5000 kg und die Hinterachse mit maximal 7800 kg belastet werden, was bei Frontladearbeiten oder bei sehr schweren Anbaugeräten am Heck beachtet werden muss. Dies zeigt die starke Dimensionierung der Achsen. Der Sechszylindermotor vom Typ 6068HLA73 leistet 160 PS und stemmt ein maximales Drehmoment von 636 Nm auf die Kurbelwelle.

UNTERNEHMEN

01

Wo hatte die Firma Deutz ihren Hauptproduktions-standort für den Traktorenbau?

RICHTIGE ANTWORT: **A**

Im gleichnamigen, rechtsrheinischen Ortsteil von Köln befand sich der Hauptproduktionsstandort für den Taktorenbau der Firma Deutz. Im Jahr 1864 begann alles mit der Gründung der ersten Motorenfabrik der Welt. 1927 startete die Traktorenproduktion mit dem ersten Modell, dem MTH 222.

In den 1930er Jahren wurde das Unternehmen für seine „Stahlschlepper" bekannt und konnte sich ab den 50er Jahren bis weit in die Siebziger nahezu durchgängig als Marktführer in Deutschland behaupten. Gut 70 Jahre nachdem der erste MTH 222 die Werkshallen verlassen hatte, endete 1995 die Traktorenfertigung in Köln mit dem Verkauf der Landtechniksparte an die SAME Gruppe.

02

Welche beiden Unternehmen entwickelten zusammen anfangs der 1960er Jahre sehr erfolgreich Traktoren?

RICHTIGE ANTWORT: **B**

Im Jahre 1958 einigten sich die Firmen Güldner und Fahr darauf, bei der Traktorenproduktion zusammenzuarbeiten. Resultat dieser Kooperation war die so genannte Europa-Reihe. Die Schlepper beider Hersteller waren bis auf Details nahezu identisch. Zum Beispiel war der Fahr D 177 baugleich mit dem Güldner A4M, auch „Toledo" genannt. Ziel der Kooperation war es, sich auf dem heiß umkämpften Traktormarkt besser behaupten zu können. Im Jahre 1961 löste Fahr die Zusammenarbeit mit Güldner allerdings wieder auf.

03

Wie viele HELA-Schlepper wurden insgesamt etwa gebaut?

RICHTIGE ANTWORT: **D**

Im Zeitraum zwischen 1929 und 1979 fertigte Hermann Lanz Aulendorf genau 31.119 Traktoren. Schwerpunkt der Produktion im Oberschwäbischen waren kleine, wendige und kostengünstige Modelle. Lanz Aulendorf-Traktoren waren sehr robuste Schlepper, die auch unter den widrigsten Bedingungen zuverlässig arbeiteten. Ab dem Jahre 1951 wurden diese Schlepper unter dem Namen „HELA" verkauft, um sich deutlich von den Konkurrenzprodukten aus Mannheim abzugrenzen.

04

Wo befand sich eines der größten Traktorwerke der ehemaligen DDR?

RICHTIGE ANTWORT: **A**

Im sächsischen Schönebeck wurde 1948 der VEB Ifa Fahrzeugbau gegründet. Bis zur Wende im Jahre 1990 wurden dort mehr als 90.000 Traktoren und rund 100.000 Feldhäcksler hergestellt. Die Anzahl der Beschäftigten lag bei ungefähr 4800. So wurde dort zum Beispiel der ZT 300 Fortschritt entwickelt und gebaut, welcher 72.382 Mal gebaut wurde und als der modernste DDR-Schlepper galt. Nach der Wende ging die Fertigung zwar noch weiter, doch im Jahre 2003 kam das endgültige Aus.

05

Wie hieß der „Vater" des ersten „Bulldog"?

RICHTIGE ANTWORT: **B**

Zu Anfang des Jahres 1921 konnte Dr. Fritz Huber seinen ersten selbstfahrenden Traktor vorstellen. Eigentlich war er als selbstfahrender Antrieb für stationäre Arbeitsgeräte wie zum Beispiel Dreschmaschinen gedacht. Doch recht schnell erkannte der geniale Konstrukteur, dass dieser „Antriebsmotor" sich

auch hervorragend für Transportaufgaben eignete –
damit war der erste Bulldog geboren. Dr. Huber starb
im Jahre 1942 im Alter von 61 Jahren in Mannheim.
Legendär war sein Spruch: „Der Motor für die Landwirtschaft kann nicht einzylindrig genug sein."

Bei welcher Firma wurden die ersten Unimog gebaut?
RICHTIGE ANTWORT: **D**
Die Wurzeln des Unimog liegen bei der Firma Erhard
& Söhne AG in Schwäbisch Gmünd. Dort liefen bis
1947 sechs Prototypen vom Band. Aufgrund von
drohenden Engpässen bei einer geplanten Serien-
produktion, verlagerte man die Fertigung nach Göp-
pingen zur Firma Boehringer, wo am 1. Dezember
1948 die „Unimog-Entwicklungsgesellschaft" gegründet wurde. Die Hauptserienproduktion lief im
Sommer 1949 an. Da bereits 1950 die Kapazitäten
voll ausgelastet waren, machte man sich auf die Suche nach einem neuen Geschäftspartner, der in der
Daimler-Benz AG auch gefunden wurde. Die Produktion wurde am 3. Juni 1951 im Mercedes-Benz-Werk
Gaggenau aufgenommen.

*In welchem Ort standen die Produktionsanlagen für
Schlüter-Traktoren?*
RICHTIGE ANTWORT: **D**
Die Schlüter-Traktoren wurden von 1937 bis 1993 in
Freising in der Nähe von München gefertigt. Bekannt
wurde das Unternehmen für seine „bärenstarken"
Traktoren, die ab den 1960er Jahren aufkamen, um
sich im bereits hart umkämpften Traktormarkt an
die Leistungsspitze setzen zu können. Anfang der
1990er Jahre gab man die Schlepperproduktion auf.
Heute sind die ehemaligen Traktorenwerke nur noch
als Industrieruine erhalten geblieben.

In welchem Zeitraum stellte Porsche Traktoren her?
RICHTIGE ANTWORT: **B**
Porsche, der Hersteller der roten „Sportwagentrakto-
ren", konnte sich trotz einer sehr hohen Jahreskapa-
zität von fast 20.000 Stück pro Jahr nur sehr kurz am
Markt halten. Besonders guten Absatz hatte Porsche
mit dem Modell Junior, das nahezu 23.000 Mal in
allen Versionen einen Käufer fand. Porsche übernahm die Allgaier-Traktorproduktion und führte sie
anfangs sehr erfolgreich weiter. Doch nach nur acht
Jahren war der Markt mit Schleppern schon nahezu
gesättigt und Porsche gab das Traktorgeschäft wieder auf.

*Welcher Hersteller konnte ab 1972 den ersten Platz in
der deutschen Zulassungsstatistik einnehmen?*
RICHTIGE ANTWORT: **D**
Ab dem Jahre 1972 konnte IHC (International Har-
vester Company) den ersten Platz in der deutschen
Zulassungsstatistik für sich beanspruchen. IHC-
Schlepper galten als nahezu unverwüstlich und gaben sich mit einem Minimum an Wartung zufrieden.
Allerdings musste 1985 der erste Platz an Fendt ab-
getreten werden. Das Unternehmen aus Marktoberdorf hat die Top-Platzierung nahezu durchgängig
bis heute gehalten. In den Jahren vor 1972 belegte
– abgesehen von kurzen Ausnahmen – Deutz den
ersten Platz der Zulassungsstatistik.

10

Wo wurden die IHC-Schlepper gefertigt?
RICHTIGE ANTWORT: **B**
Im Jahre 1911 wurde in Neuss am Rhein das IHC-
Werk eröffnet und die Produktion von landwirtschaftlichen Geräten aufgenommen. Aufgrund der
hohen Nachfrage begann im Jahre 1935 hier ebenfalls die Traktorenfertigung. Im Jahre 1983 verkaufte

IHC den Landmaschinensektor an die Firma Case, was auch für das Werk in Neuss Veränderungen mit sich brachte. Die letzen Traktoren liefen 14 Jahre später von den Bändern und es folgte der Abriss der Fabrikhallen. Insgesamt wurden in Neuss bis 1997 etwa 600.000 Traktoren gefertigt.

11

Wann starb der Firmengründer Heinrich Lanz?
RICHTIGE ANTWORT: C
Heinrich Lanz, der Gründer der Lanz-Fabrik, starb am 1.2.1905 im Alter von 66 Jahren. Ihm war also nicht mehr vergönnt, den Bau des ersten Bulldog mitzuerleben. Sein Vater, Johann Peter Lanz gründete 1842 in Mannheim ein Zweiggeschäft seines Speditionsunternehmens, in das Heinrich 1859 eintrat. Zunächst vertrieb er ausländische Landmaschinen im Inland. 1867 begann dann der Bau der ersten eigenen Maschinen. Drei Jahre später löste Heinrich sein Unternehmen aus dem des Vaters heraus. Das Unternehmen expandierte sehr schnell, sodass laufend Anbauten erforderlich waren.

12

In Kooperation mit welchem amerikanischen Hersteller baute Deutz Mitte der 1980er Jahre Traktoren?
RICHTIGE ANTWORT: D
Mitte der 1980er Jahre kaufte Deutz den US-Hersteller Allis-Chalmers auf und bot die sowohl aus Deutz- als auch aus Allis-Restteilen bestehenden Traktoren unter dem Namen Deutz-Allis auf dem US-Markt an. Nach und nach wurden die Deutz-Allis-Schlepper technisch wie optisch immer mehr an die Deutz-Schlepper angepasst. 1990 wurde Deutz-Allis an die AGCO Gruppe verkauft, welche dann wieder die ursprüngliche orange Allis-Lackierung einführte.

13

Welches der folgenden Unternehmen stellte Traktoren her?
RICHTIGE ANTWORT: A
Als noch eine nahezu unstillbare Nachfrage den Traktormarkt in Deutschland bestimmte, betrieb der in Waiblingen (Baden-Württemberg) ansässige Kettensägenhersteller Stihl von 1948 bis 1963 eine eigene Traktorfertigung. Die Produktion war auf kleine, leichte Schlepper ausgelegt, so wie sie damals von den Landwirten nachgefragt wurden. Zum Einbau gelangten in erster Linie Zweitakt-Motoren aus eigener Fertigung. Heute sind von den damals nur in geringer Stückzahl entstandenen Stihl-Schleppern – im Jahr 1950 beispielsweise nur 130 Inlandszulassungen – nur noch sehr wenige anzutreffen.

14

Mit welchem Unternehmen firmierte Massey vor Ferguson?
RICHTIGE ANTWORT: A
Das heutige Weltunternehmen Massey-Ferguson entstand 1953 durch die Fusion von Massey-Harris und Ferguson. Vor diesem Zusammenschluss war Massey-Harris Kanadas erfolgreichster Traktorenhersteller, der 1891 durch Zusammenschluss von Daniel Massey und Alason Harris entstanden war. Auch hier produzierte man zunächst ausschließlich Landmaschinen, bis ab 1915 die ersten Traktoren angeboten wurden – in den ersten Jahren bezog man diese noch von anderen Unternehmen. Die klassisch rot-gelben Massey-Harris-Schlepper wurden noch bis 1957 weitergebaut.

15

Wann wurde bei Hanomag die Traktorenproduktion eingestellt?

RICHTIGE ANTWORT: C

Auch Hanomag, ein Urgestein unter den deutschen Schlepperherstellern, musste die Traktorproduktion 1971 aufgeben. Bis zuletzt hatte man mit technisch sehr ausgereiften Traktoren versucht, das Ruder noch einmal herumzureißen. Doch auch die Spitzenmodelle wie der Robust 900 konnten der Entwicklung nicht mehr entgegenwirken. Insgesamt hatte Hanomag bis dahin rund 250.000 Traktoren gefertigt, darunter auch den hier gezeigten R 324 von 1958. Nach Schließung der Traktorensparte produzierte man allerdings weiterhin noch Baumaschinen.

16

Was ist die traditionelle Farbkombination bei John Deere-Traktoren?

RICHTIGE ANTWORT: A

Seit jeher sind John Deere-Schlepper einheitlich mit grünem Schlepperrumpf und gelben Felgen ausgeliefert worden. Neben dem springenden Hirsch als Symbol ist dies das Erkennungsmerkmal schlechthin für Fahrzeuge aus dem Haus John Deere. Dieselbe Farbkombination wurde auch nach der Übernahme von Lanz im Jahre 1956 relativ schnell für die John Deere-Lanz-Traktoren eingeführt, die ab September 1958 im neuen Look anstatt wie bisher in blau-rot ausgeliefert wurden.

17

Wie hieß einer der größten Felgenhersteller für Schlepperfelgen?

RICHTIGE ANTWORT: B

Die im baden-württembergischen Ebersbach ansässige Firma Südrad galt als einer der größten Hersteller für Schlepperfelgen. Sehr viele Traktoren standen und stehen immer noch auf Südrad-Felgen, da sich für viele Hersteller die Fertigung von eigenen Felgen nicht lohnte. Abnehmer waren unter anderem Firmen wie Fendt, Schlüter und HELA. Zwar entstehen bei Südrad immer noch Felgen, allerdings hauptsächlich für Personenwagen.

18

Wann wurde der erste Fendt-Traktor gebaut?

RICHTIGE ANTWORT: D

Im Jahre 1928 begann bei Fendt der Traktorbau. In jenem Jahr wurde ein selbstfahrender Grasmäher mit Benzinmotor erfolgreich getestet. Auf Grundlage dieses Grasmähers wurde beständig weiterentwickelt und etwa um das Jahr 1930 datiert die Entstehung des ersten, 6 PS starken Fendt F 6 Dieselross. Damit wurde der Grundstein für eine sehr erfolgreiche Modellpalette gelegt, die der Firma Fendt große Gewinne bescherte.

19

Wie hoch war im Jahre 2010 der ungefähre Anschaffungspreis für einen Unimog U400?

RICHTIGE ANTWORT: A

Sofern man 2010 über die Anschaffung eines Unimog U400 nachdachte, musste man ein Budget von gut 180.000 € zur Verfügung haben. Doch dafür bekam man ein Fahrzeug, das mit den Urahnen eigentlich nur noch den Namen und vier Reifen gemein hat. Heute findet man Unimogs vor allem im kommunalen Einsatz, sei es bei Mäharbeiten im Sommer oder beim Schnee räumen im Winter. Für die vielfältigen Arbeiten steht auch eine reichhaltige Zubehörpalette parat, womit das Fahrzeug individuell für den geplanten Einsatzbereich konfiguriert werden kann.

20

Wann stieg SAME bei Deutz ein?

RICHTIGE ANTWORT: A

Im Jahre 1995 verkaufte die Firma Deutz ihre Landmaschinensparte an die in Italien ansässige Unternehmensgruppe SAME, zu der bereits auch Lamborghini Traktoren und Hürlimann gehörten. Der neu entstandene Firmenverbund SAME DEUTZ-FAHR stellte ein Jahr später die Traktorenproduktion im alten Werk in Köln ein und verlagerte die Fertigung nach Lauingen an der Donau. Beibehalten wurde die Deutz-typische grüne Lackierung der Schlepper.

21

Seit wann gibt es wieder McCormick-Schlepper?
RICHTIGE ANTWORT: C
Im Jahre 1983 verkaufte IHC seine Traktorsparte an die Firma Case, was zur Folge hatte, dass der Markenname McCormick von sämtlichen Motorhauben verschwand. Doch im Jahre 2000 übernahm die italienische ARGO Gruppe, zu der auch die Firma Landini gehört, von Case New Holland Global N.V. neben einem Traktorwerk in Doncaster auch die Rechte an dem Namen McCormick, was zum Wiederaufleben dieses Markennamens führte. Wie einst rollen Modelle mit diesem Namen in einem roten Farbkleid vom Fließband.

22

Seit wann baut Claas eigene Traktoren?
RICHTIGE ANTWORT: B
Die ersten Claas-Traktoren erschienen im Jahre 2003 am Markt. Damals wurde die Mehrheit an der Firma Renault Agriculture erworben und Claas begann mit der Fertigung von Traktoren. Vor dieser Übernahme produzierte die 1913 von August Claas gegründete Firma hauptsächlich Erntemaschinen. So wurde beispielsweise 1953 die Serienfertigung von selbstfahrenden Mähdreschern aufgenommen. Heute baut Claas die größten Mähdrescher der Welt, die zum Teil 40 Tonnen Getreide in einer Stunde ernten können.

Tipps für Traktorfreunde

Historische Traktoren
Das 3er Quartett (3 x 32 Spielkarten)
ISBN 978-3-89880-832-3
€ 9,99

Historische Traktoren
256 Seiten, 215 x 270 mm,
Hardcover
ISBN 978-3-86852-280-8
€ 14,99

Jährlich
neu!

Jährlich
neu!

Klassische Traktoren 2022
14 Seiten Kunstdruck,
475 x 330 mm, Wire-O-Bindung
€ 14,99

Lanz-Traktoren 2022
14 Seiten Kunstdruck,
475 x 330 mm, Wire-O-Bindung
€ 14,99